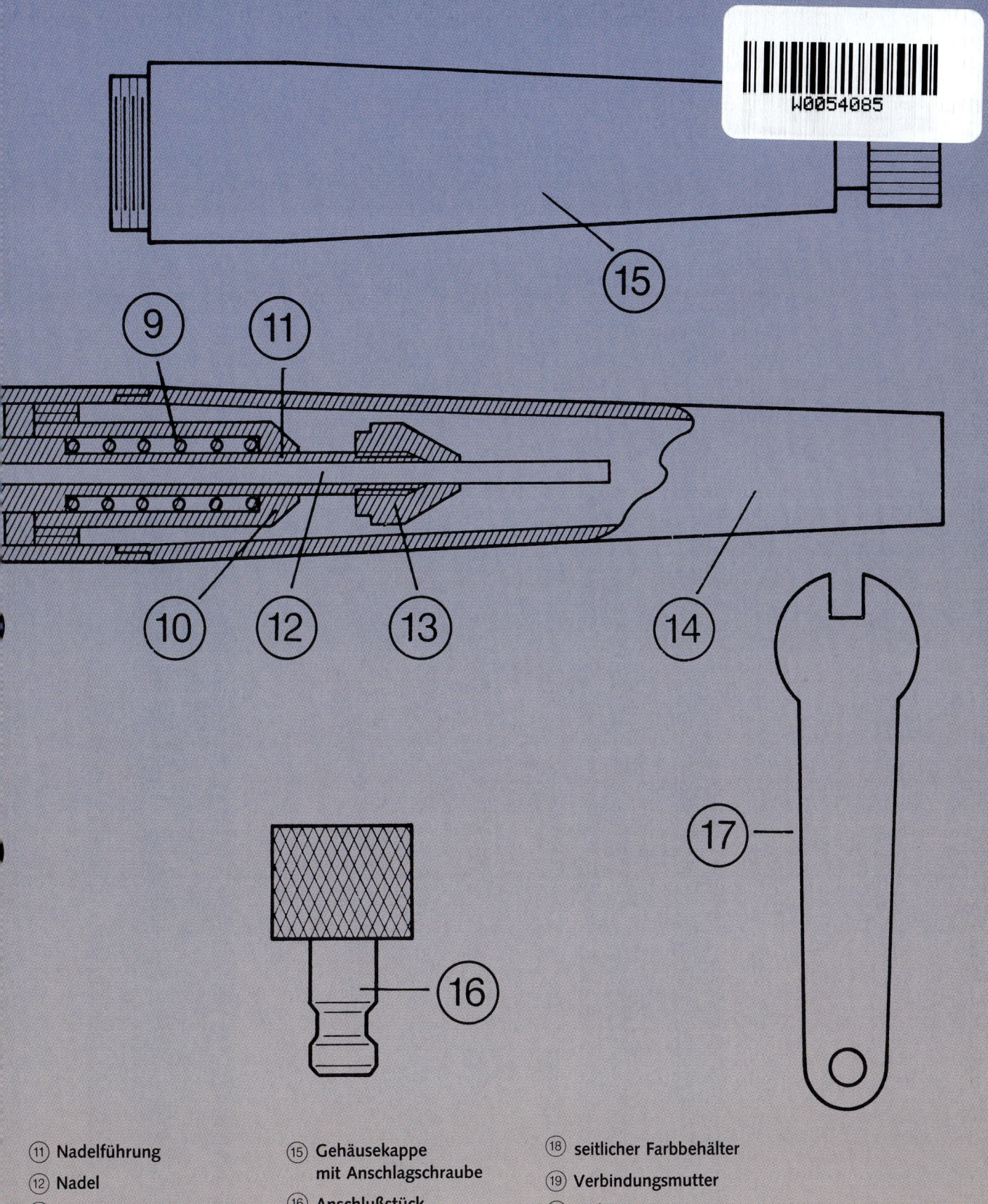

⑪ Nadelführung

⑫ Nadel

⑬ Nadelklemmutter

⑭ Gehäusekappe

⑮ Gehäusekappe
    mit Anschlagschraube

⑯ Anschlußstück

⑰ Düsenschlüssel

⑱ seitlicher Farbbehälter

⑲ Verbindungsmutter

⑳ Dichtung

㉑ Nadelpackung

# Danksagung

Die Arbeit an diesem Buchprojekt hat mir sehr viel Freude gemacht. Ganz wesentlich haben dazu Freunde und Bekannte beigetragen, und deshalb möchte ich mich an dieser Stelle bei allen nochmals besonders bedanken:

Frederick Habbe hat dieses Projekt von Anfang an unterstützt und mir durch die zur Verfügung gestellten Abbildungen zusätzlichen „Spielraum" verschafft.

Mit Horst Eising über Eisenbahnmodellen zu hocken und sie zu gestalten, bereitete mir großes Vergnügen.

Irmgard Gulich gab wertvolle Hinweise und half bei der Modellbeschaffung.

Klaus Kieper erlaubte die Veröffentlichung historischer Eisenbahnaufnahmen aus seinem Archiv; Jörn Meyer nahm das Vorbild des EVB-Modells für dieses Buch auf.

Klaus-Dieter Rohlfs half mir, „seine" Lok auf Wangerooge aus allen Blickwinkeln kennenzulernen.

Eberhard Haase, Hans-Jörg Miske und Heinz Rettkowsky gestatteten mir, Modelle bei ihnen zu fotografieren.

Mit Bernd Woithe wurde der Inhalt von manchem Baukasten näher erforscht; auf Werner Hering konnte ich bei der Herstellung spezieller Aufnahmen zählen, mit Uwe Knieriem habe ich einen ganzen Tag lang gebaut.

Holger Everling half mir zwar nicht bei diesem Buch, weihte mich derweil aber in die Geheimnisse der digitalen Bilderzeugung ein.

Meine Mutter, Ingeborg Faber, setzte mein Manuskript schließlich mit der Schreibmaschine in einen lesbaren Text um.

Manfred Braun (Lektorat) und Anton Walter (Herstellung und Layout) kümmerten sich mit sehr viel Engagement und Sachkenntnis darum, daß aus Text und Bildern das nun vorliegende Buch wurde. Ihnen allen gilt **mein herzlichster Dank!**

Mathias Faber

# AIRBRUSH
## FÜR MODELLBAUER

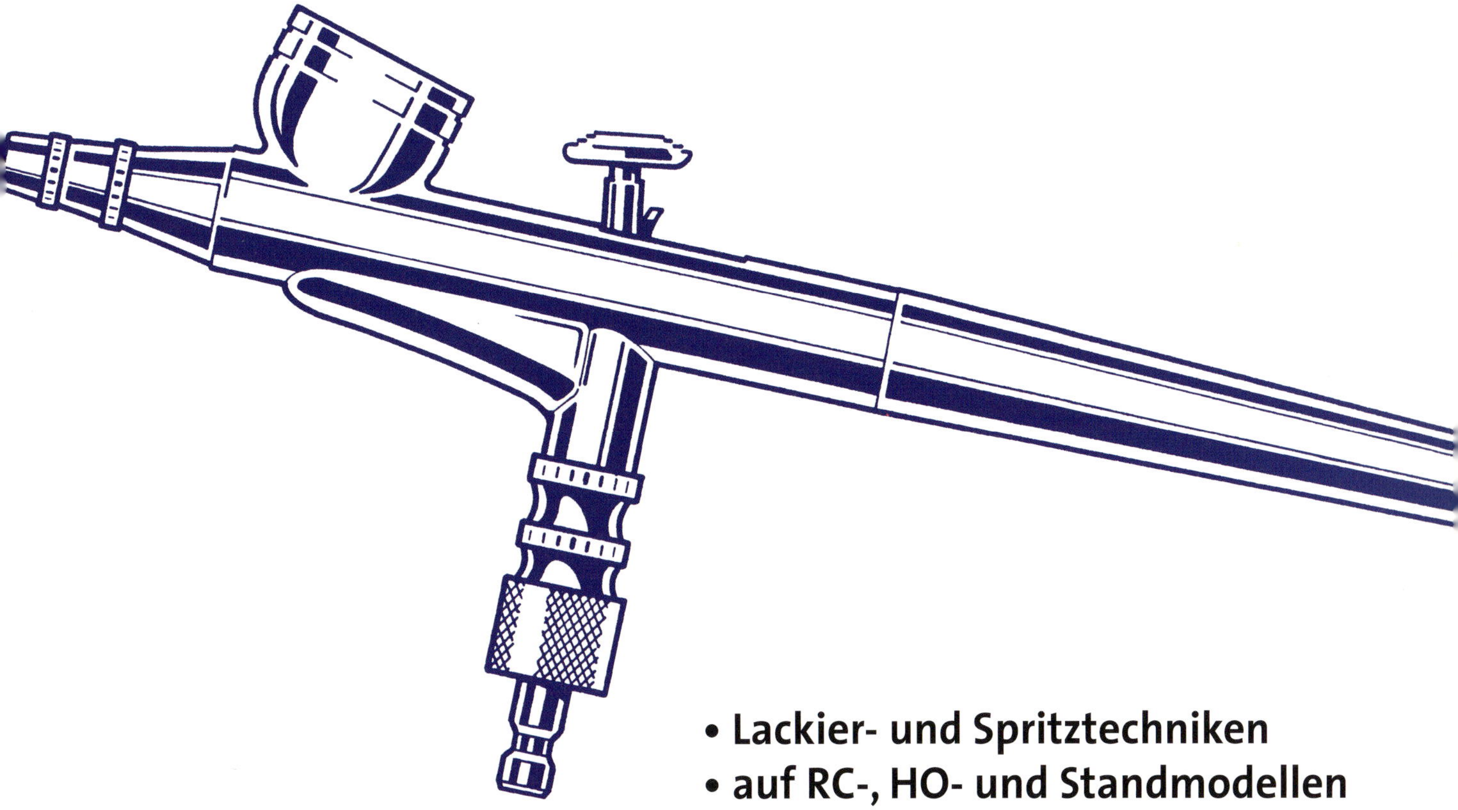

- Lackier- und Spritztechniken
- auf RC-, HO- und Standmodellen

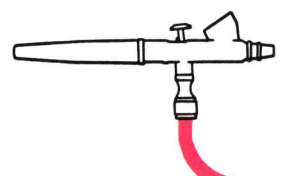

# Inhalt

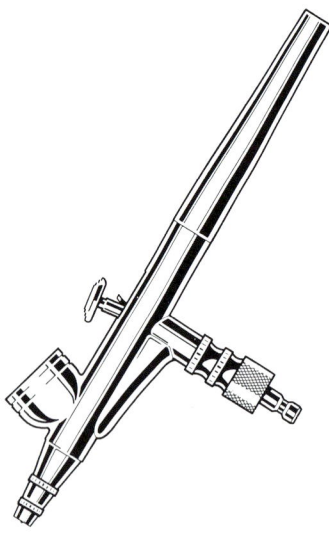

# Inhalt

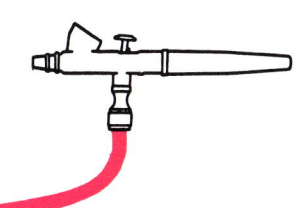

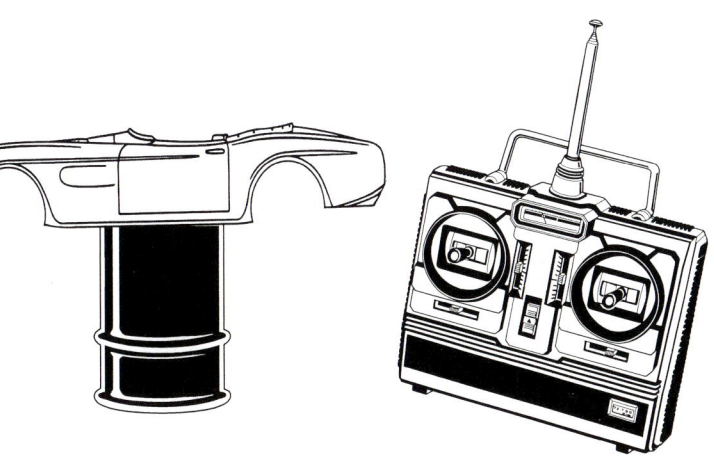

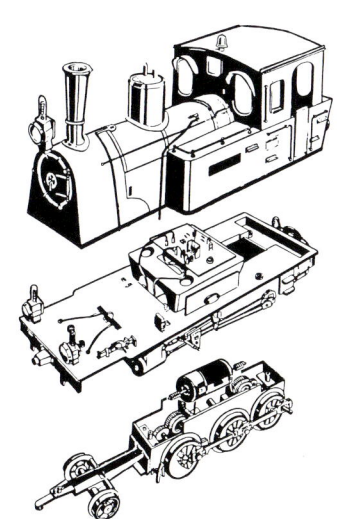

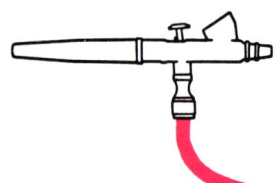

# Der Airbrush und wie er funktioniert

Das Interesse an der Air-brush-Technik wird häufig von einem faszinierenden Farbauftrag geweckt, von dem sich herausstellt, dass er „gespritzt" wurde. Das möch-te man dann gern einmal nachmachen. Viele werden sich einen kleinen Spritzappa-rat kaufen und hoffen, das Gewünschte gleich nachspritzen zu können. Manchem gelingt das sogar auf Anhieb.

Meistens sind die ersten Erfahrungen jedoch ganz anderer Natur: Die schöne Spritzanlage will nicht so richtig funktionieren. Die Frage nach dem Warum wird laut. Ist es die Quali-tät der Geräte, ist die Farbe vielleicht doch nicht so ge-eignet, wie es der Herstel-ler behauptet? Oder ist es mangelnde Praxis und die eigene Unkenntnis der Funk-tionsweisen einer Spritz-anlage?

Nun wird es sicher den einen oder anderen Zeitge-nossen geben, der sich sach-kundig gemacht hat und wohl informiert an die An-schaffung seiner Ausrüstung herangeht. Ist man nicht so vorgegangen und besitzt bereits eine – nicht verzwei-feln! Ein gelungenes Spritz-bild, ein mehr oder minder

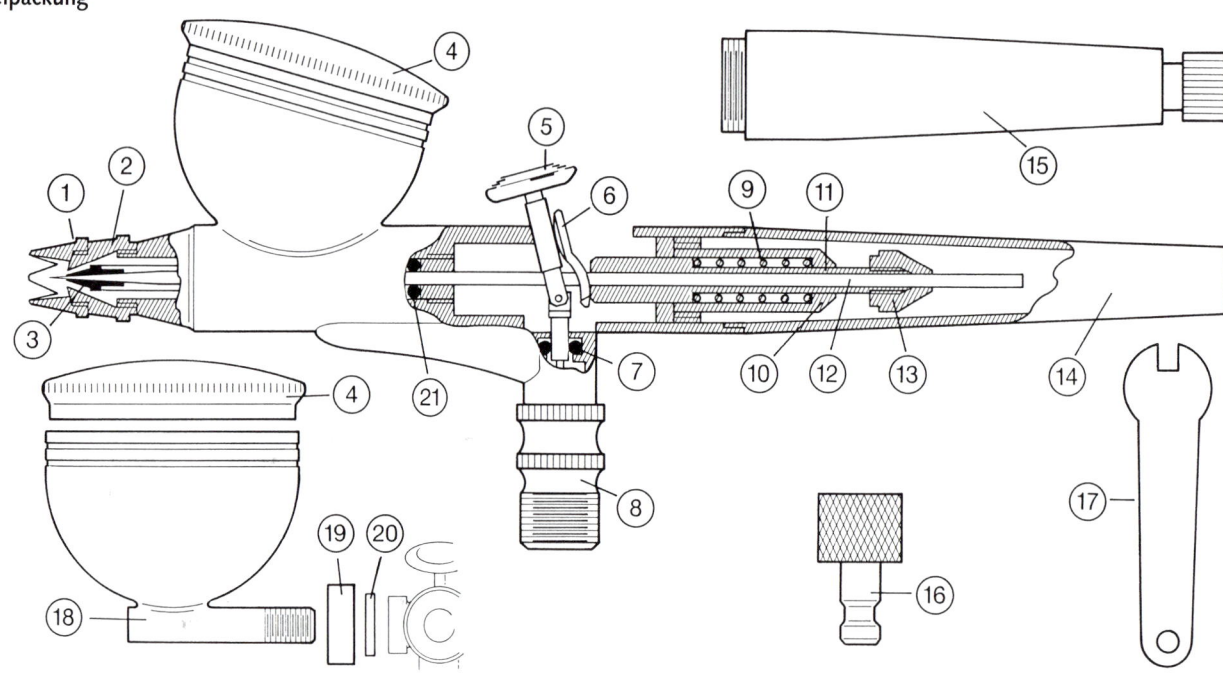

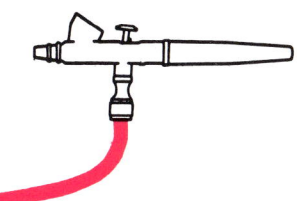

# Druckquellen

feiner Farbauftrag ohne Feuchtigkeitsränder, unterlaufene Masken oder Nasen lässt sich prinzipiell mit jeder intakten Spritzanlage namhafter Hersteller erzielen.

## Druckquellen

Eine entscheidende Voraussetzung für ein brauchbares Spritzbild – den gespritzten Farbauftrag – ist eine geeignete Druckquelle. Als Druckquellen kommen Kompressoren, Kohlensäureflaschen (für den kommerziellen Bierausschank beispielsweise) und Treibgasdosen („airbrush propellant") in Betracht. Das Spritzgerät wird mit einem Druckschlauch an diese angeschlossen.

Geeignet sind Druckquellen, die den angeschlossenen Spritzapparat mit einem konstanten, pulsfreien Arbeitsdruck (= Druck während des Spritzens) von 2 bar versorgen können.

Leider ist es nicht ganz selbstverständlich, dass alle für den Airbrush angebotenen Druckquellen dies wirklich leisten. Zu allem Übel verfügen leistungsschwache Druckquellen meist nicht über eine vernünftige Druckanzeige, sodass zur Ermittlung ihres Leistungsvermögens oft probehalber gespritzt werden muss. Auch kann durchaus der Fall eintreten, dass der benötigte Arbeitsdruck in Verbindung mit dem einen

Airbrush erreicht wird, mit einem anderen Spritzapparat jedoch nicht, da die Spritzgeräte unterschiedlich viel Luft verbrauchen.

Liegt der Luftverbrauch eines Airbrush nun bei oder über der Treibgasmenge, die eine Druckquelle maximal abgibt, wird diese keinen ausreichenden Arbeitsdruck aufbauen können. Die Folge davon ist entweder überhaupt kein Spritzbild oder nur ein sehr körniges. Da viele Spritzgerätehersteller keine genauen Angaben zu den Verbrauchswerten ihrer Apparate machen, heißt dies: im Zweifelsfall probehalber anschließen, wenn für die Druckquelle ebenfalls keine Angaben vorliegen bzw. deren Luft-Ansaugleistung und -Abgabe unter 20 Litern pro Minute liegt.

Die preisgünstigste Druckquelle scheint im ersten Augenblick häufig die Treibgasdose zu sein. Das stimmt jedoch nur, wenn lediglich hin und wieder kleinere Arbeiten mit möglichst geringem Zeitaufwand ausgeführt werden sollen. Für umfangreiche, zeitaufwändige Arbeiten können Treibgasdosen sogar zur teuersten aller Druckquellen werden. Außerdem ist es bei lang andauernden Spritzvorgängen schwierig, den Spritzdruck konstant zu halten. Es kommt zu einem Druckabfall durch Verdunstungskälte. In dieser Hinsicht unproblematisch sind in jedem Fall große Kohlensäureflaschen, die mit

einem Reduzierventil nebst Manometer zur Regulierung des Spritzdrucks auszurüsten sind.

Bei den Kompressoren, die für die Airbrush-Technik in einer Vielzahl von Modellen mit großen Unterschieden hinsichtlich Leistung, Ausstattung und Qualität angeboten werden, hat über die bereits genannte Minimalforderung hinaus (Ansaugleistung über 20 Liter pro Minute, Arbeitsdruck 2 bar) das Kriterium der Arbeitsdauer große Bedeutung. Hier sind es die mögliche Überhitzung des Motors durch Überlastung und Kondenswasserbildung bei ausgedehnten Arbeiten,

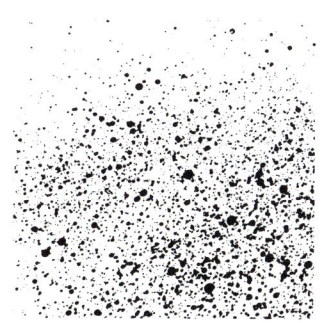

**Wenn der Luftdruck zu gering wird, können solche „Sprenkelbilder" entstehen**

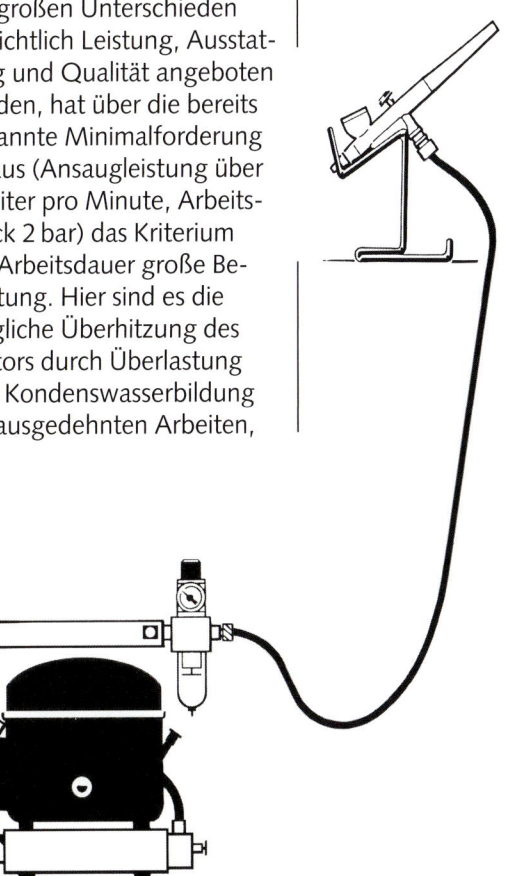

**Bei dieser Spritzanlage ist der Airbrush, der auf einem Tischhalter abgelegt ist, an einen Kompressor angeschlossen**

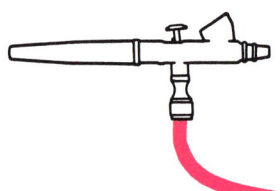

die gerade bei kleinen Kompressoren Probleme schaffen können. Kondenswassertropfen, die unbemerkt mit der Luft in den Spritzapparat gelangen, jagen einem meist einen gehörigen Schrecken ein, wenn sie nicht sogar den Farbauftrag völlig verderben. Zu beachten ist auch: Wie hoch ist das Laufgeräusch eines Kompressors, welcher Lärm ist Familienangehörigen oder Nachbarn noch zumutbar?

Um den Umgang mit Leistungsangaben für Kompressoren etwas zu vereinfachen, hier ein paar Anhaltspunkte: Für den professionellen Einsatz in Bereichen wie Illustration und Modellbau werden wegen der Laufzeit- und Kondenswasserproblematik automatisch geschaltete, geräuscharme Atelierkompressoren mit einer Ansaugleistung von 30 bzw. 50 Litern je Minute und einem Drucktankvolumen von etwa 8 bis 10 Litern, d. h. einer Füllmenge von 64 bis 80 Litern Luft bei 8 bar Tankdruck, bevorzugt. Ein solches Gerät ist im Betrieb nicht lauter als ein Kühlschrank.

Fazit: Bei der Suche nach der sinnvollsten Druckquelle ist der benutzte Airbrush ebenso zu berücksichtigen wie die Größe der auszuführenden Arbeiten und die Arbeitsdauer, die längstens gespritzt werden soll.

Außer auf diese rein technischen Aspekte sollte man beim Erwerb auch auf deutliche Preisunterschiede bei technisch gleichwertigen Spritzanlagen achten. Preisvergleiche anzustellen und mehrere Fachhändler hinsichtlich der Zusammenstellung der eigenen Spritzanlage zu befragen wird in keinem Fall schaden.

**Verschiedene Kompressoren vom einfachen kleinen Hobbygerät (vorn Mitte) bis zum Atelierkompressor für Profis (rechts)**

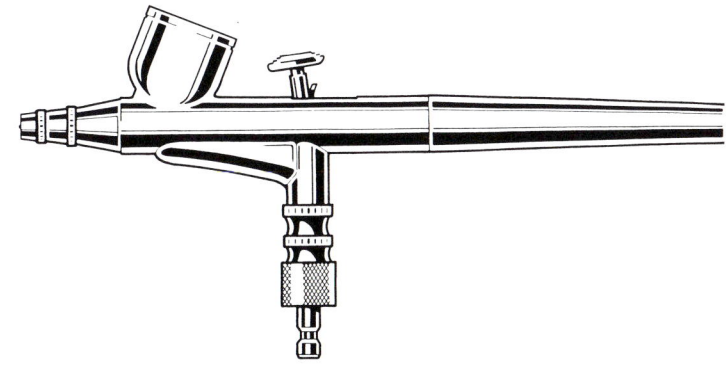

# Spritzapparate

Noch umfangreicher als das Angebot an Druckquellen ist das der Spritzgeräte. Ist man sich über die Anforderungen, denen der Spritzapparat gerecht werden soll, im Klaren, sollten die infrage kommenden Geräte unbedingt vergleichend in die Hand genommen werden. Jeder bessere Fachhändler hält eine Auswahl an Geräten gleicher Bauart von unterschiedlichen Herstellern bereit. Im direkten Vergleich wird schnell deutlich, dass sich die Apparate wegen der verschiedenen Abmessungen der einzelnen Gerätebauteile unterschiedlich „anfassen". Das Gerät muss gut in der Hand liegen. Sonst kann z. B. passieren, dass die Kuppe des eigenen Zeigefingers ständig im Farbbehälter des Airbrushs landet, sobald der Bedienungshebel in seine vordere Ruheposition kommt. Das ist auf Dauer sicherlich ebenso wenig lustig wie eine nach kurzer Zeit schon völlig verkrampfte Arbeitshand.

Airbrush für feinere Arbeiten (Fließsystem)

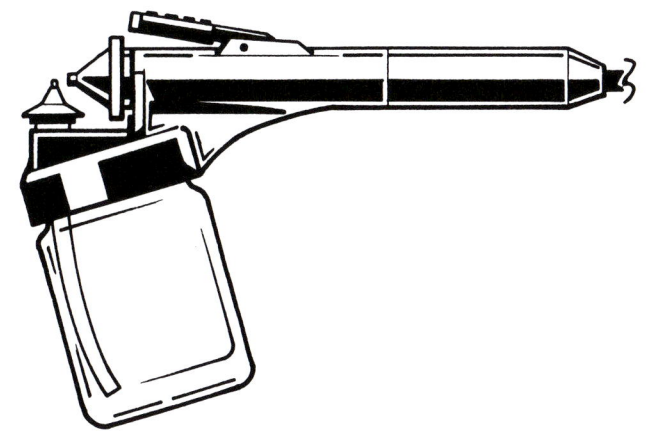

Druckluftzerstäuber: mit dem Bedienungshebel wird nur die Luft freigegeben (engl.: „single-action")

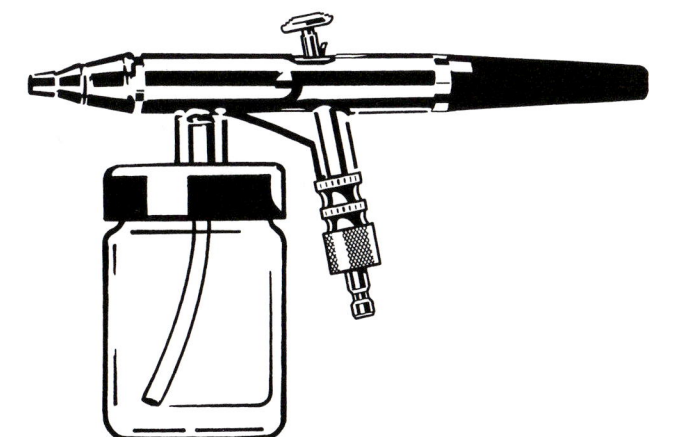

Airbrush für ausgedehntere Arbeiten (Saugsystem)

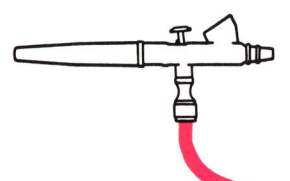

**Bedienungshebel mit gekoppelter Doppelfunktion (engl.: „fixed double-action"): durch Zurückziehen des Hebels wird erst die Luft freigegeben und dann die Farbmenge dosiert**

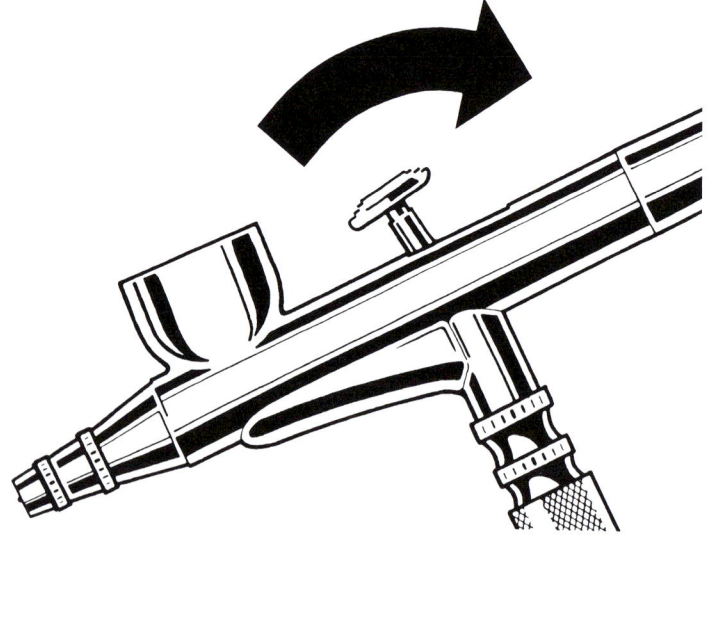

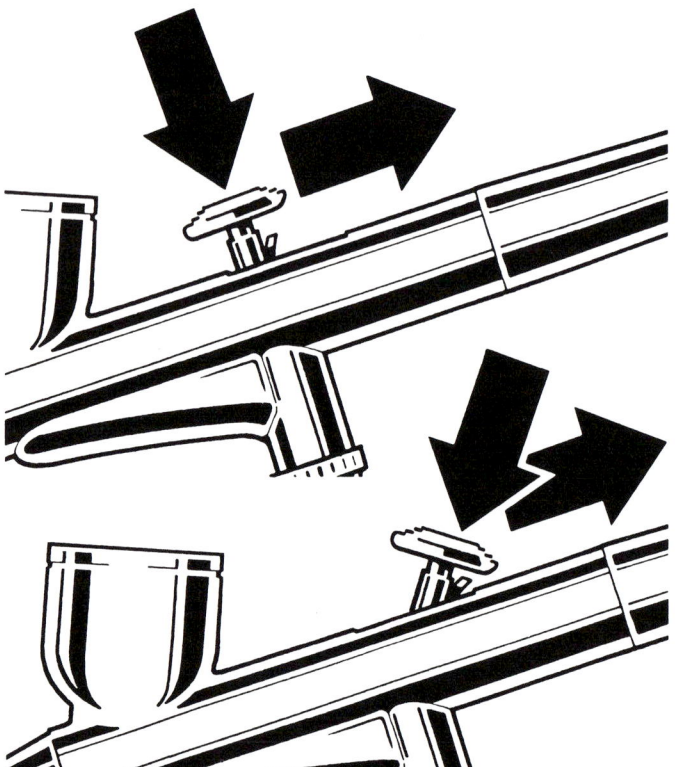

**Bedienungshebel mit unabhängiger Doppelfunktion (engl.: „independent double-action"): durch Niederdrücken des Hebels wird die Luft freigegeben, durch das Zurückziehen der Farbfluss gesteuert**

# Funktionsprinzipien des Airbrush

Folgendes Funktionsprinzip liegt allen hier interessanten Spritzapparaten gleichermaßen zugrunde: Die spritzfertig verdünnte Farbe gelangt an der Vorderseite der Apparate in den austretenden Luftstrom, wird mitgerissen, zerstäubt und erreicht in Form feiner bis feinster Tröpfchen die zu bearbeitende Oberfläche.

Die einzelnen Gerätegruppen lassen sich nach der Art, wo und wie die Farbe in den Luftstrom gelangt, nach der Funktion oder den Funktionen des Bedienungshebels und dem Durchmesser der Farbdüsen unterscheiden.

Als *Airbrush* gelten kleine Spritzgeräte, deren Farbdüse innerhalb der Luftdüse, die dann Saugkappe genannt wird, montiert ist. Luft und Farbe mischen sich innerhalb des Geräts. Man spricht vom „internal-mix".

*Druckluftzerstäuber*, also einfache Farbspritzapparate, sind Geräte mit einer Farbdüse oder einem simplen Saugrohr, die vor der Luftdüse in den austretenden Luftstrom ragen. Luft und Farbe mischen sich außerhalb des Geräts, das so genannte „external-mix"-Prinzip.

Beim Airbrush gibt es zwei Arten der *Farbzuführung*: das

# Funktionsprinzipien des Airbrush

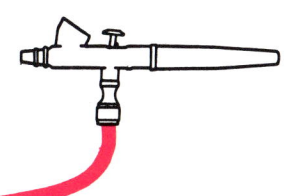

Saugsystem, bei dem der Luftstrom die Farbe aus einem unterhalb der Gehäuseachse montierten Farbbehältnis ansaugt, und das Fließsystem, bei dem die Farbe von oben durch die Schwerkraft zur Farbdüse fließt.

Der *Bedienungshebel*, der mit dem Zeigefinger betätigt wird, gibt entweder durch einfaches Niederdrücken nur den Luftstrom frei. Man spricht dann von einem Gerät mit einfacher Hebelfunktion oder „single-action". Oder beim Zurückziehen bzw. Herunterdrücken des Hebels wird die austretende Farbmenge dosiert, wobei der Luftstrom automatisch mit freigesetzt wird. Bei dieser

Gerätevariante spricht man von einer gekoppelten Doppelfunktion oder „fixed-double-action". Die unabhängige Doppelfunktion (engl.: „independent double-action") bildet die dritte und vom Umgang her gewöhnungsbedürftigste Variante der Hebelfunktion: Durch Niederdrücken des Bedienungshebels wird die Luft freigegeben, durch das Zurückziehen des niedergedrückten Hebels die gewünschte Farbmenge in den Luftstrom eingespeist.

Die Farbdüsenöffnung, durch die die Farbe in den Luftstrom gelangt, spielt für die Spritzbarkeit bestimmter Farben, mehr noch hinsichtlich der Größe der zu bearbeitenden Fläche eine Rolle.

So eignet sich eine *Düsenbohrung* von 0,2 mm bis 0,3 mm nur für feinere Arbeiten, während ein Farbdüsendurchmesser von beispielsweise 1,4 mm zu einer „Lackierpistole" zum Spritzen großer Flächen gehört. Die maximale Düsenbohrung eines Airbrush liegt zwischen 0,5 mm und 0,8 mm.

Mit der Zuordnung bestimmter Düsenbohrungen zu bestimmten Aufgabenbereichen ist man wieder bei den eingangs angesprochenen Anforderungen, denen der auszuwählende Airbrush genügen soll. So leuchtet ein, dass ein Airbrush mit einer 0,2 mm oder 0,3 mm Düsenbohrung relativ ungeeignet ist, um damit ein ganzes

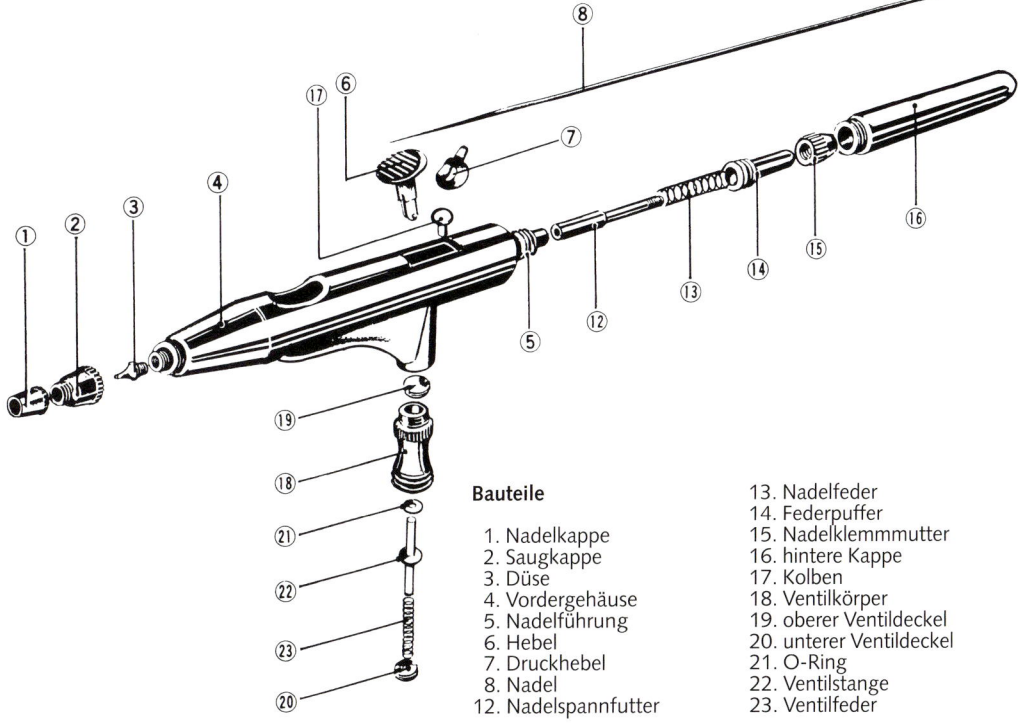

**Bauteile**

1. Nadelkappe
2. Saugkappe
3. Düse
4. Vordergehäuse
5. Nadelführung
6. Hebel
7. Druckhebel
8. Nadel
12. Nadelspannfutter

13. Nadelfeder
14. Federpuffer
15. Nadelklemmmutter
16. hintere Kappe
17. Kolben
18. Ventilkörper
19. oberer Ventildeckel
20. unterer Ventildeckel
21. O-Ring
22. Ventilstange
23. Ventilfeder

**Das Innenleben eines klassischen Airbrushs zeigt diese Explosionsgrafik. Zusammen mit der Schnittzeichnung auf der Seite 6 werden Anordnung und Funktion der einzelnen Bauteile transparent**

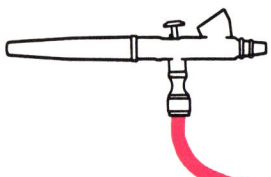

**„Lackierpistole"
zum Spritzen
großer Flächen**

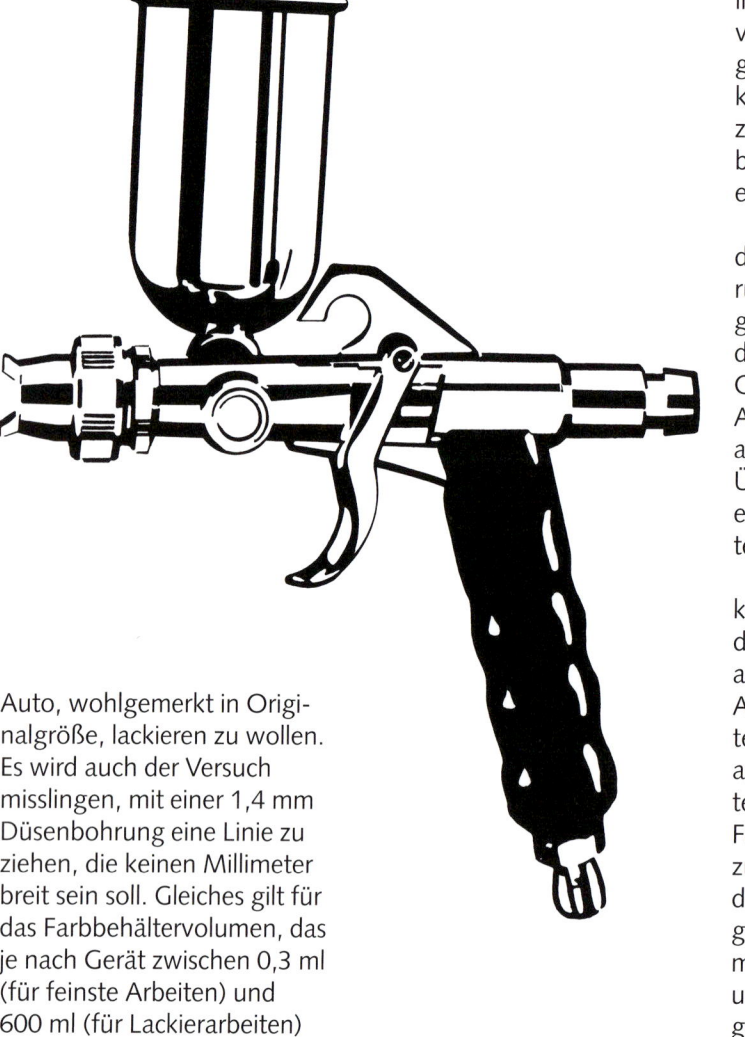

liegen kann. Eine Differenz
von 6 ml zu 7 ml dürfte dagegen unerheblich sein und
kaum die Entscheidung
zu Gunsten eines ganz
bestimmten Gerätes be-
einflussen.

Aus dem Gesagten wird
deutlich, dass die Anforderungen, die sich aus den Aufgabenstellungen ergeben, in
der Regel auf ganz bestimmte
Gerätegruppen verweisen.
Aus diesen Gruppen ist dann
anhand einiger weiterer
Überlegungen und nach
einem persönlichen „Griff-
test" die Wahl zu treffen.

Ein weiterer Gesichtspunkt
kann der „Systemcharakter"
des fraglichen Geräts sein,
also seine Erweiterungs- und
Anpassungsfähigkeit für unterschiedliche Aufgaben. Von
austauschbaren Farbbehäl-
tern mit unterschiedlichem
Fassungsvermögen bis hin
zu auswechselbaren Farb-
düsen in mehreren Bohrungs-
größen – meist gemeinsam
mit Saugkappe und Nadel
umzusetzen – gibt es da eini-
ges Interessantes.

Auto, wohlgemerkt in Origi-
nalgröße, lackieren zu wollen.
Es wird auch der Versuch
misslingen, mit einer 1,4 mm
Düsenbohrung eine Linie zu
ziehen, die keinen Millimeter
breit sein soll. Gleiches gilt für
das Farbbehältervolumen, das
je nach Gerät zwischen 0,3 ml
(für feinste Arbeiten) und
600 ml (für Lackierarbeiten)

**Airbrush (Fließ-
system) umrüstbar
auf Düsen/Nadeln
und Farbbecher
unterschiedlicher
Größe. Dazu ein
Verbindungsnippel
für eine Schnell-
kupplung**

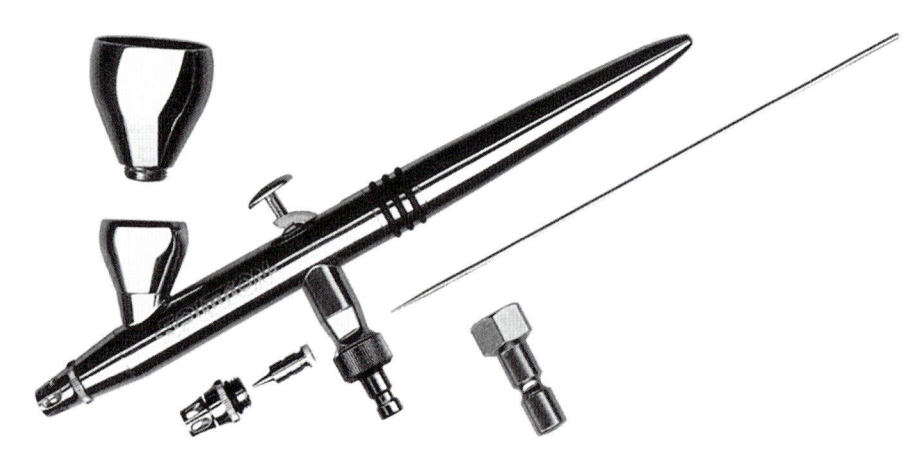

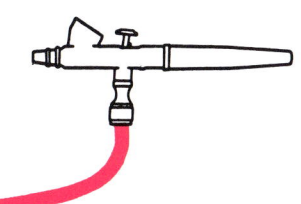

**Airbrush, umrüstbar mit Farbbechern unterschiedlicher Größe auf Fließ- oder Saugsystem**

**Eine neuwertige und eine zerstörte Farbdüse unter der Lupe. Der Grund für eine kaputte Düse kann eine total verbogene Nadelspitze sein**

# Erste Funktionsprüfung

Liegt der neue Spritzapparat erst einmal vor einem, schließt man ihn ordnungsgemäß an die Druckquelle an und füllt ihn probehalber mit Wasser. So lässt sich ein Sprühstrahl erzeugen, ohne dass Gefahr besteht, irgendetwas mit Farbe zu verderben, zu verstopfen oder zu verkleben. Vor einem dunklen Hintergrund – eine große schwarze Pappe – wird einfach in die Luft gespritzt und dabei der Sprühstrahl mit den Steuerungsmöglichkeiten des Spritzapparates variiert. Gelingt dies nicht oder nur in sehr unbefriedigendem Maße, und lässt sich die Ursache der

Funktionsstörung nicht erkennen, geschweige beseitigen, sollte man das Problem einem Fachhändler vortragen. Dieser kann in der Regel nicht nur unmittelbar Abhilfe schaffen, sondern durch Tipps und Erläuterungen auch Wissenswertes dazu vermitteln. Lassen Sie sich beim Kauf eines Airbrush auch immer gleich zeigen, wie alle farbführenden Bauteile eines Geräts sachgerecht demontiert und gereinigt werden, denn Fehler, die beispielsweise zu kaputten Düsen und Nadeln führen können, kommen meist recht teuer zu stehen.

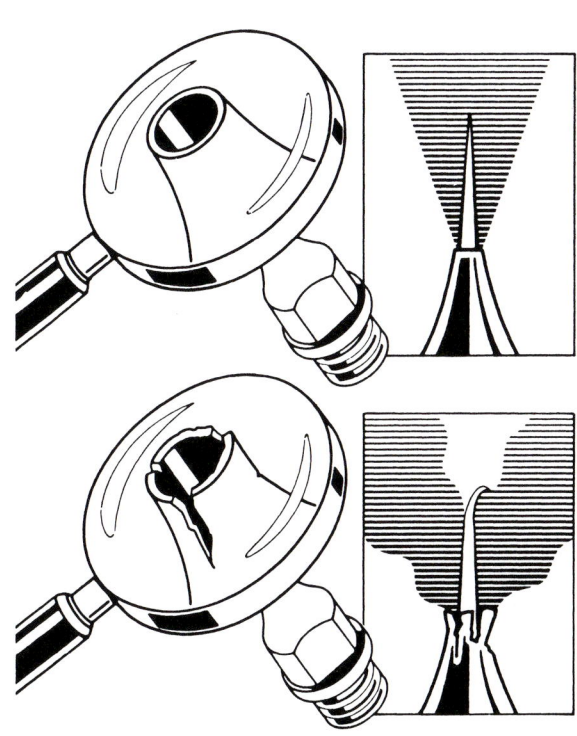

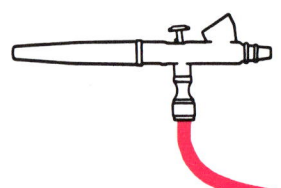

**Zwischenreinigung mit einer Reinigungsflüssigkeit. Während des Aussprühens sollte ein Finger oder ein Tuch einmal kurz direkt vor die Saugkappe gehalten werden**

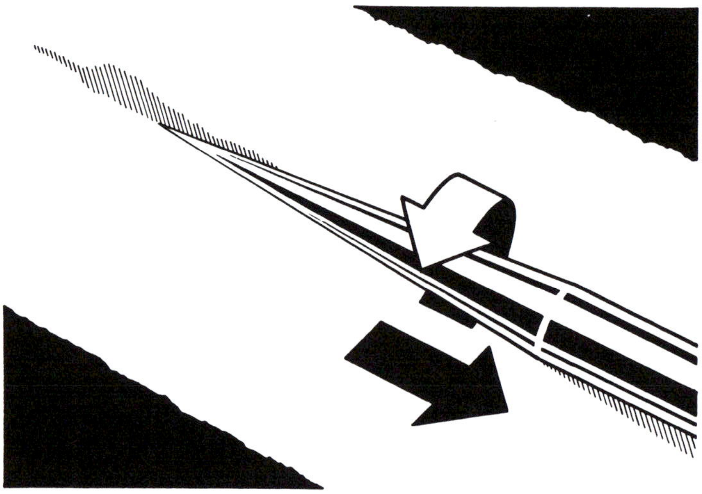

Um das Auseinandernehmen des Geräts zum Reinigen kommen Sie auf Dauer nicht herum, auch wenn für eine Zwischenreinigung eine Reinigungsflüssigkeit ausreichen kann. Dafür wird Reiniger in den Farbbehälter gegeben und der Apparat ausgespritzt. Wenn man – bei zurückgezogener Nadel! – die Saugkappe vorn mit einem Finger zuhält, drückt die Luft zurück in den Farbbehälter und löst unterwegs Farbreste.

Eines der häufigsten Ärgernisse ist die verbogene Nadel. Eine nur leicht gekrümmte Nadelspitze lässt sich wieder ausrichten, wenn man die Nadel entlang ihrer in die Spitze auslaufenden Verjüngung mit dem Zeigefinger auf einen geeigneten planen (!) Untergrund drückt. Gleichzeitig dreht die andere Hand die Nadel am stumpfen Nadelende um die eigene Achse und zieht sie dabei langsam zurück.

Für alle, die über das Innenleben ihres Airbrush ganz genau Bescheid wissen wollen, bleibt über dieses Buch und die Beratung des Fachhändlers hinaus natürlich noch der Griff zur Fachliteratur für Profis: Handbücher wie AIRBRUSH PERFEKT – Geräte, Farben, Anwendungstechniken – beschreiben nicht nur sämtliche Gerätetypen umfassend mit allen Bauteilen und Funktionsweisen, sie verfügen zugleich über detaillierte Checklisten zu Funktionsstörungen und deren Behebung.

**Durch Drehen und gleichzeitiges Zurückziehen lässt sich eine leicht gebogene Nadelspitze wieder ausrichten**

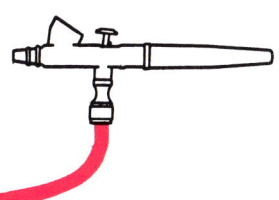

# Erste Übungen mit dem Airbrush

Sobald es so aussieht, als ob die Spritzanlage funktioniert, kann Farbe ins Spiel kommen. Handelt es sich um den allerersten Spritzversuch überhaupt, sollte nicht gleich Ölfarbe hervorgeholt werden, weil sie sich immer so prima mit dem Pinsel verarbeiten ließ. Ganz im Ernst: Dies gilt natürlich nicht nur für Ölfarben, sondern zielt darauf ab, für die ersten Spritzversuche pigmentierte Farben zu meiden, Farben also, die mit und um feste Bestandteile herum aufgebaut sind. Dazu gehören neben den Ölfarben auch alle bekannten Modellbaufarben, und zwar unabhängig davon, ob sie mit Wasser oder Lösungsmittel zu verdünnen sind. Für erste Spritzversuche sind Farbstofflösungen am besten geeignet. Farbstofflösungen, und dazu zählen wasserverdünnbare Tinten, haben keine Pigmente (Feststoffe). Sie sind damit zwar nur wenig lichtecht, lassen sich aber ganz hervorragend spritzen. Eine Spritzanlage, die mit Wasser funktionstüchtig war, wird es höchstwahrscheinlich auch mit Tinte sein. Verschiedenfarbige Tinten – auch „Dyes" genannt – sind im Fachhandel für Grafikerbedarf erhältlich. Einzige in diesem Zusammenhang noch vertretbare Alternative sind (verdünnte) Airbrushfarben. Das sind zwar Pigmentfarben, jedoch besitzen sie als flüssige, wasserverdünnbare Acrylfarben, die in ersten Linie für künstlerische und grafische Arbeiten entwickelt wurden, meist gute Spritzeigenschaften.

Unabhängig davon, auf welcher Art von Material gespritzt werden soll, sind es immer vier Spritzvorgänge, die einzeln oder gemeinsam sowohl einer „einfachen" Lackierung als auch einem sehr aufwendigen Motiv zugrundeliegen. Diese sind: das Spritzen von Flächen, Verläufen, Punkten und Linien.

## Übungsobjekte

Für erste Spritzversuche reicht im Grunde genommen einfaches Schreibmaschinen- bzw. Fotokopierpapier im Format DIN A4 oder besser A3. Damit die folgenden Grundübungen schon einen Bezug zur späteren Anwendung haben, also nicht zu abstrakt bleiben, sind Fotokopien von Strichzeichnungen – siehe Abbildung 2.1 – schöne Übungsbögen. Klare Seitenansichten aus Bauanleitungen beispielsweise lassen sich mit Hilfe eines geeigneten Fotokopierers übernehmen und je nach Modell und Bauplan entsprechend vergrößern oder verkleinern und freistellen. Da in dieser Weise vorbereitete Arbeitsblätter nicht nur hier als Übungsbögen, sondern generell für die Planung von Motiv- und Designlackierungen interessieren, ist der Weg vom Bauplan zum Entwurf anhand des Flugzeugs ab Seite 48 ausführlich dargestellt.

Damit Sie nicht erst einen eigenen Bauplan in einen brauchbaren Übungsbogen verwandeln müssen, ist der Entwurfsbogen für eine Trucklackierung ganzseitig wiedergegeben. Er läßt sich mit dem Kopierer schnell auf das Format DIN A3 vergrößern und erspart im Moment durch seinen schwarzen Hintergrund noch die Maskenherstellung. („Maskieren" ist ab Seite 19 behandelt.)

Wollen Sie jedoch mit einem dreidimensionalen Übungsprojekt beginnen, nehmen Sie dafür ein richtig

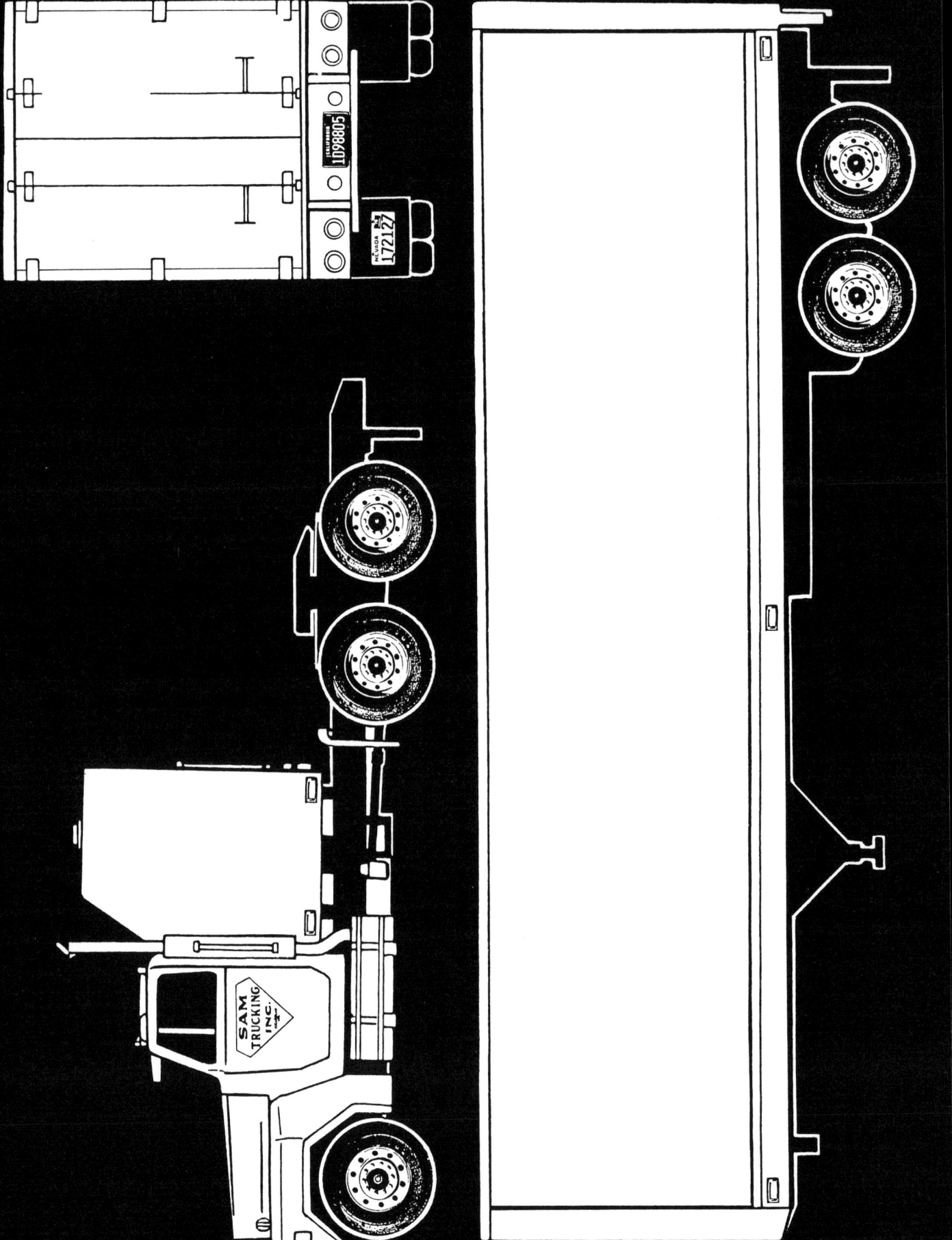

# Übungsobjekte

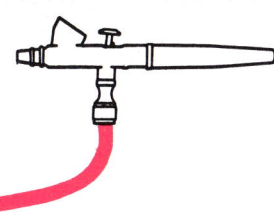

stabiles Kunststoffmodell mit großen, in sich geschlossenen Oberflächen. Das auf der Abbildung 2.2 auf dem Arbeitstisch liegende Ballonmodell eignet sich dafür gut, da seine kräftige Außenhaut nicht durch zahlreiche Öffnungen unterbrochen wird, sondern nur in achtzehn ausgeprägte Segmente unterteilt und von allen Seiten gut zu spritzen ist. Kunststoff ist für den ersten Spritzversuch geeignet, weil sich die Farbe gegebenenfalls wieder abspülen läßt und die ersten Spritzversuche kein völlig verdorbenes Modell hinterlassen. Nun ist Kunststoff natürlich ein denkbar schlechter Untergrund für farbige Tinten, so daß zum Üben Airbrushfarben besser sind. Aber Achtung: Airbrushfarben verzeihen keinerlei Nachlässigkeit beim Vorbereiten der Plastikteile zum Spritzen! Dies zwingt zu besonderer Sorgfalt, die eigentlich in jedem Bereich des Modellbaus nur von Vorteil sein kann. So müssen die Kunststoffoberflächen vor dem Spritzen gewissenhaft mit lauwarmem Seifenwasser gereinigt und entfettet werden, und auch eine mögliche elektrostatische Aufladung gilt es mit dem Wasserbad abzubauen. Nach dem Abspülen mit klarem Wasser werden die Teile einfach auf ein sauberes Handtuch zum „Lufttrocknen" gelegt.

**2.1**
**Entwurfsbogen für eine Trucklackierung (Kopiervorlage für einen Übungsbogen)**

**2.2**
**Dieses feste Plastikmodell eines Ballons ist ein brauchbares, nicht zu kleines Übungsobjekt**

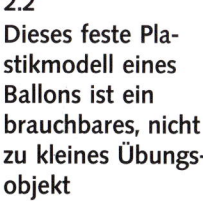

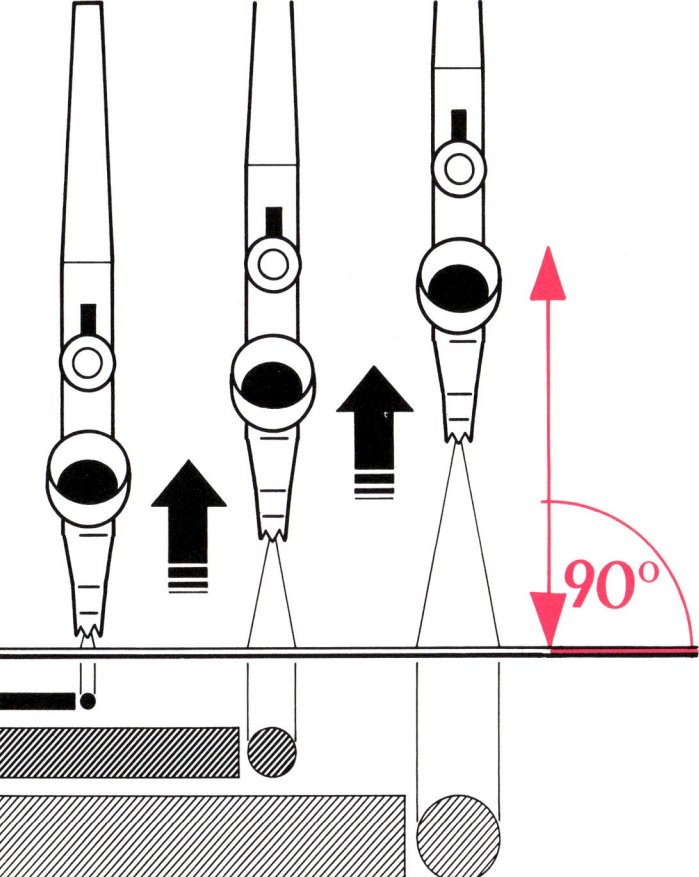

**2.3**
**Beim Spritzen von Linien hängt die Linienstärke vom Abstand des Airbrush zum Bildträger ab. Gesprüht wird immer senkrecht**

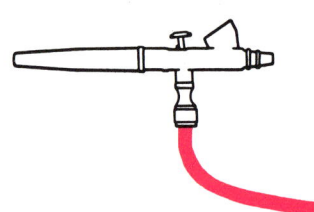

**2.4**
**Mit kleinen Grafi-**
**ken à la Picasso**
**und schwungvol-**
**len Schriftzügen**
**geht's los**

# Linien spritzen

Gespritzt wird immer senkrecht wie Abbildung 2.3 zeigt,
also im rechten Winkel zum
Spritzgrund! Als erste Übung
ist das Spritzen von Linien in
unterschiedlicher Stärke gut
geeignet, da es gleichzeitig
eine sinnvolle Funktionsprü-
fung für den Airbrush vor
jedem Arbeitsbeginn ist.
Beginnen Sie auf einem
Übungsbogen mit kleinen
Zeichnungen, wie in Abbildung 2.4 (es müssen ja nicht

gleich Picasso-Grafiken
werden).
   Etwas schwieriger wird es
beim Anlegen eines möglichst
gleichförmigen Schriftzuges
(siehe Abbildung oben). Dieser muß jedoch nicht bereits
nach dem ersten Spritzgang
sein endgültiges Aussehen
bzw. die gewünschte Intensität haben; gerade beim
Arbeiten mit dem Airbrush ist
es meist sinnvoll, den
gewünschten Farbauftrag in
mehreren Durchgängen
Schritt für Schritt aufzubauen.
Beim Versuch, sauber

begrenzte gleichförmige
Linien anzulegen, merkt man
schnell, wie sich die Linien-
breite mit der Entfernung des
Spritzgerätes zum Bildträger
verändert (Abb. 2.3). Dabei
ist zu berücksichtigen, daß
mit verändertem Abstand
zwischen Airbrush und Spritzgrund die freigegebene Farbmenge nachreguliert werden
muß, wenn unterschiedliche
Strichbreiten mit gleicher Far-
bigkeit/Farbstärke gespritzt
werden sollen.
   Entstehen, anstatt der
erhofften, in sich homogenen

# Punkte spritzen

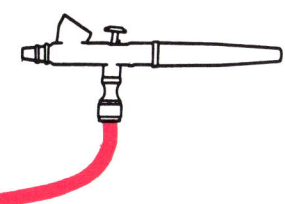

Striche, recht unsaubere Streifen mit merkwürdigen Rändern und Flecken bzw. längliche Gebilde, die ein bißchen wie Mikroorganismen aussehen, so ist die freigegebene Farbmenge zu groß. Das kann zwei Gründe haben: Entweder ist die Nadel zu weit zurückgezogen gemessen am Abstand, den das Gerät zum Spritzgrund hat, oder die Geschwindigkeit, mit der der Airbrush bewegt wird, ist für die versprühte Farbmenge zu gering. Eine solche zu naß gespritze Linie ist auf der Hülle des Heißluftballons (Abb. 2.5) zu sehen. Gleichförmige Linien auf einem gewölbten Körper zu ziehen, ist ungleich schwieriger als auf einem planen Übungsbogen. Wer hiermit noch nicht ganz zurechtkommt (schließlich fehlt der Plastik auch noch jegliche Saugfähigkeit), sollte sich nicht selbst die Lust am Spritzen verderben und vorerst mit zweidimensionalen Spritzbildern auf Papier zufrieden sein. Alles andere wird mit zunehmender Übung gelingen!

Läßt sich die Farbmenge nicht vernünftig dosieren – Bedienungsfehler ausgeschlossen – dann können unsaubere Spritzbilder auch ein Indiz für ein mangelhaft zusammengesetztes Gerät, eine defekte Farbdüse oder auch eine zerstörte Nadel sein. Das Gerät ist dann vor der Weiterarbeit unbedingt sorgfältig zu überprüfen und instandzusetzen.

> **Merke:**
> **Zu nasse Spritzbilder führen zu vielfältigen Problemen und sind – falls nicht beabsichtigt – beim regulären Spritzen unbedingt zu vermeiden!**

## Punkte spritzen

Mehr Aufmerksamkeit und Übung als das Spritzen von Linien – wobei sich in vielen Fällen auch Lineale und Kurvenlineale zu Hilfe nehmen lassen – verlangt das Anlegen einer Serie nahezu gleicher Punkte. Ausprobieren läßt sich dies unter anderem auf dem Entwurfsbogen für den Truck, und zwar an den Rücklichtern und den seitlichen Begrenzungsleuchten (siehe Abb. 2.4). Wer Punktespritzen eine Weile geübt – und damit oder durch das Ziehen von Testlinien sichergestellt hat, daß sein Gerät einwandfrei funktioniert – muß für das Spritzen einer Fläche oder eines Verlaufs ein wenig umdenken, weil andere Seh- und Spritzanforderungen gestellt werden.

## Flächen und Verlauf spritzen

Während beim Spritzen von Punkten und Linien das Spritzbild unmittelbar entsteht und sichtbar wird, wer-

den beim Anlegen einer Fläche oder eines Verlaufs möglichst feine Farbaufträge übereinandergelegt bis die gewünschte Farbstärke erreicht ist. So folgte beim Truck-Entwurf auf das Aufbringen der „Strichzeichnungen" sowie das Einfärben von Rücklichtern und seitlichen Begrenzungsleuchten das flächige Überspritzen mit Gelb. Die Abbildung 2.6 zeigt die fertig eingefärbten Seitenteile, die Grafik 2.7 skizziert den Bewegungsablauf, der zu dem gewünschten Spritzbild führte.

**2.5**
**Von links (wo viel zu naß gespritzt wurde) nach rechts werden die Linien besser**

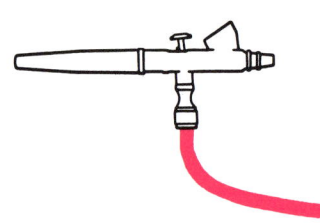

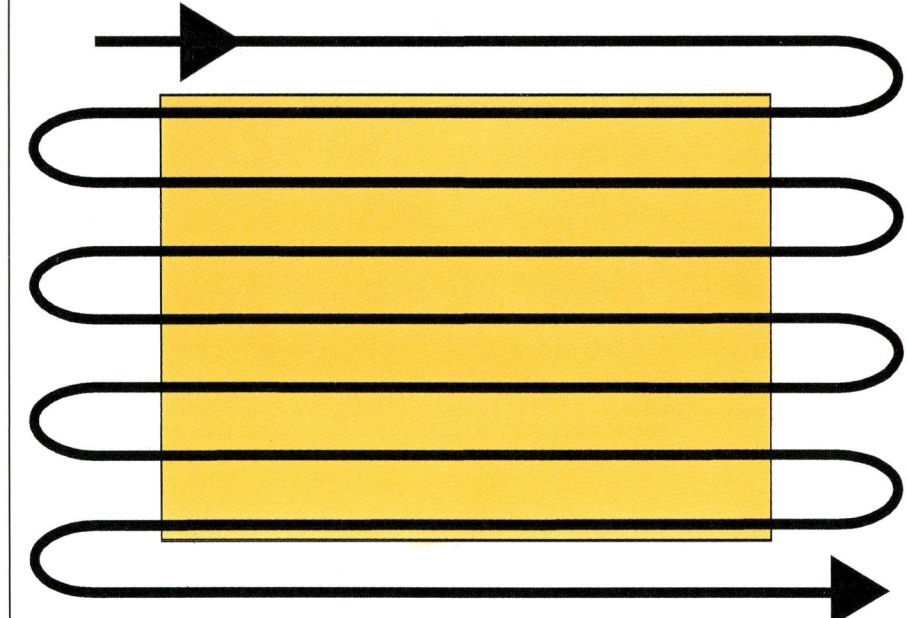

**2.6**
Über die grafischen Elemente kommt eine farbige Fläche

**2.7**
Der Bewegungsablauf beim Spritzen einer homogenen Fläche (von oben gesehen)

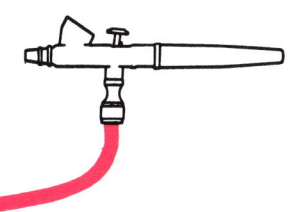

# Maskierung

Auf dem Foto 2.8 liegt ein völlig fleckig und keineswegs gleichmäßig eingefärbtes Ballonmodell auf dem Arbeitstisch. Das rührt in erster Linie von einer mangelhaft gereinigten und statisch aufgeladenen Oberfläche her. Sofortige Abhilfe schaffen in diesem Fall Brennspiritus und Seifenwasser, die einen Neubeginn auf gut gesäubertem Spritzgrund ermöglichen.

Der wesentliche Unterschied in der Spritztechnik bei einer Fläche und einem Verlauf besteht darin, daß der Airbrush beim Spritzen einer Fläche immer gleichmäßig geführt wird, bis der Farbauftrag die gewünschte Stärke hat, während beim Verlauf die dunkler anzulegende Seite intensiver, d.h. öfter zu überspritzen ist. Dies veranschaulicht die grafische Dar-

stellung 2.9. Die Bewegung, mit der der Airbrush über den Spritzgrund geführt wird, erfolgt dabei mit dem ganzen Arm und nicht aus dem Handgelenk heraus (siehe Abb. 2.10). Das erfordert am Anfang natürlich ein wenig Übung, doch läßt sich die notwendige Erfahrung mit etwas Geduld recht schnell sammeln (siehe Abb. 2.11).

## Maskierung

Einen seitlich scharf begrenzten Sprühstrahl gibt es nicht. Der Blick in eine Autolackiererei bzw. auf das Foto Seite 21 offenbart dies schon anhand der sorgfältig abgeklebten Autos. Mit Papier, Plastikfolie und Klebeband sind alle Fahrzeugteile,

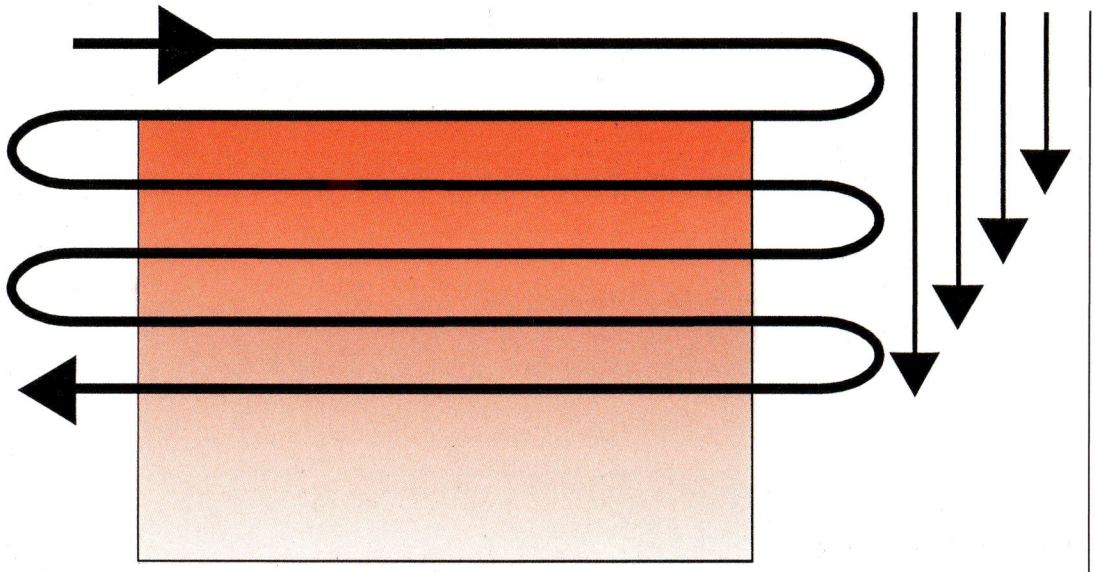

**2.8**
**Hier hilft nur das gründliche Reinigen der Oberfläche**

**2.9**
**Der Bewegungsablauf beim Spritzen eines Verlaufs (von oben gesehen)**

**2.10**
Auch beim Anlegen von Flächen und Verläufen wird der Airbrush senkrecht (!) über den Spritzgrund geführt

**2.11**
Nach dem Spritzen des Verlaufs ist der Entwurf fertig

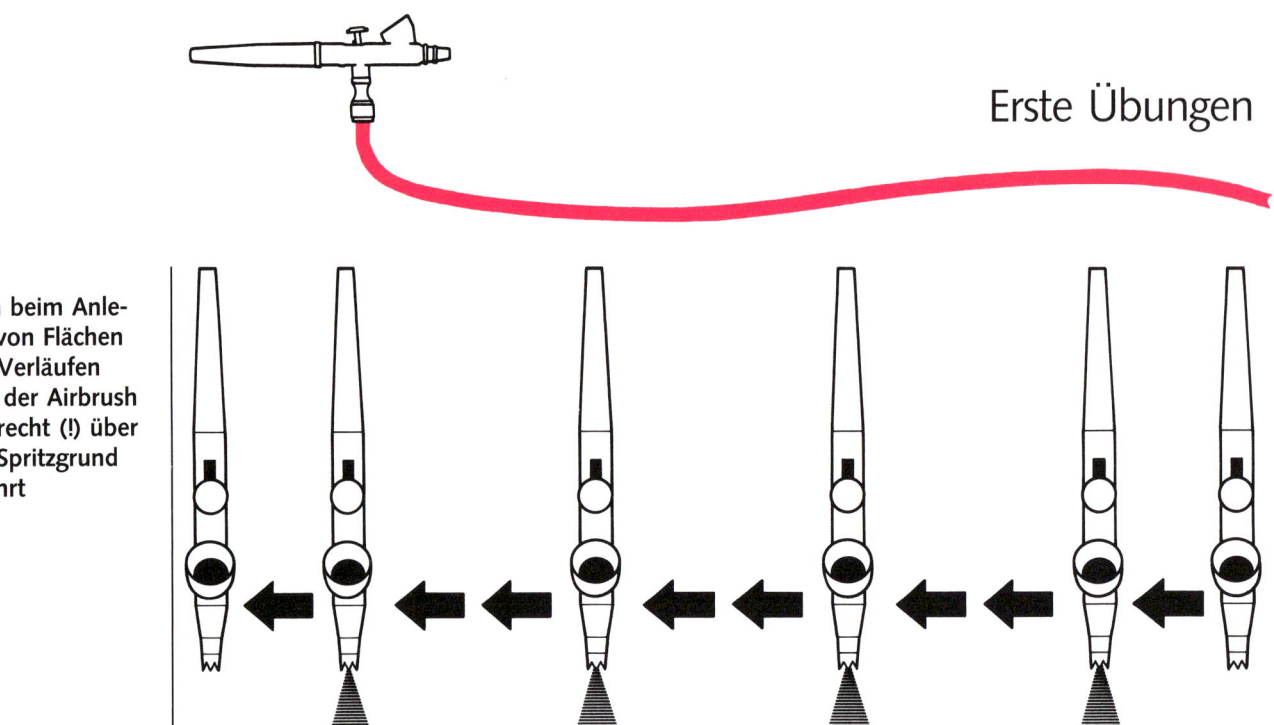

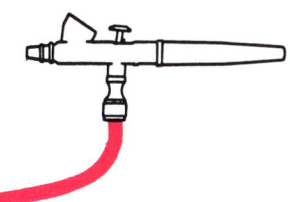

# Maskierung

die nicht mitlackiert werden sollen, vor dem sich allseitig verbreitenden Farbnebel geschützt. Ein solcher Schutz, beim Airbrushen Maskierung oder Maske genannt, besteht in seiner simpelsten Form aus einem oder mehreren Bogen etwas stärkeren Papiers oder Kartons. Wird entlang der Bogenkante gespritzt, entsteht ein scharf begrenzter Verlauf bzw. eine sauber begrenzte Fläche und bei einer Schablonenform eine entsprechende Silhouette. Die Maske auf dem Foto unten, die jetzt ohne Spritzgrund allein auf dem Arbeitstisch liegt, begrenzte die Spritzbilder auf dem Truckentwurf zur Seite

**2.12**
Ein bekannter Anblick: Sorgfältig mit Papier geschützte Autos in einer Lackiererei zeugen davon, daß es ohne Abdecken und Maskieren meistens nicht geht

**2.13**
Aus einer zweiten Fotokopie entstand diese Maske für den Truckentwurf

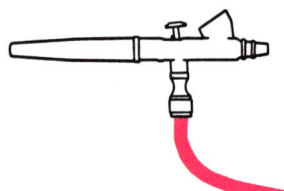

**2.14**
**Hier liegt eine Anzahl von Messern, mit denen sich Papierschablonen und Maskierfilme gut schneiden lassen**

**2.15**
**Flüssigmasken: links liegen zwei unbehandelte Räder, die beiden mittleren wurden maskiert und überspritzt, die Räder rechts sind fertig (s. Abb. 3.3, S. 26)**

hin. Hergestellt ist sie aus einer zweiten Fotokopie, aus der die zu spritzenden Flächen herausgeschnitten wurden. Das Verrutschen bzw. Hochblasen einer solchen Maskierung beim Spritzen wird durch beschwerende Gegenstände wie Münzen, Schrauben u.ä. vermieden.

## Masken schneiden

Geschnitten wurde die Maske für den Truck mit einem speziellen Grafiker- bzw. Folienmesser. Solche Messer gibt es in den unterschiedlichsten Ausführungen. Die wichtigsten Messertypen sind in Abbildung 2.14 zu sehen – die größte Auswahl an derartigen Messern wird sicher in einem guten Fachgeschäft für Grafikerbedarf zu finden sein.

Unumgänglich wird die Benutzung eines Folienmessers, wenn zum Abdecken anstelle von Papier und Karton besondere Maskierfolien verwendet werden, wie sie der professionelle Anwender je nach Aufgabenstellung einsetzt. Diese transparenten Folien sind selbstklebend, was

die Arbeit erleichtert. Ihre Transparenz macht das millimetergenaue Schneiden direkt auf einem Spritzgrund möglich, die schwach klebende Unterseite ein Festhalten oder Beschweren überflüssig.

Das beste Messermodell für bestimmte Aufgabenstellungen finden Sie am schnellsten, wenn Sie zu gegebener Zeit unterschiedliche Messertypen selbst ausprobieren! Die Einsatzmöglichkeiten und das persönliche Empfinden sind so vielfältig, daß hier jeder für sich von Fall zu Fall entscheiden muß.

Für selbstklebende Folien, die auch als Maskierfilm bezeichnet werden, muß der Spritzgrund eine glatte, in sich geschlossene Oberfläche haben und tesafest, also klebebandfest, sein. Das heißt,

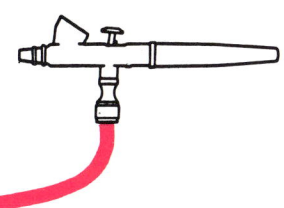

# Maskiermaterialien

daß sich ein Stück Klebeband bzw. Tesafilm andrücken und wieder abziehen läßt, ohne daß die Oberfläche darunter leidet. Besitzt der Spritzgrund diese Eigenschaften nicht, kann die Maskierfolie entweder gar nicht haften oder aber der Untergrund wird – wie auch bereits angelegte Farbaufträge – beim Wiederabnehmen der Maske beschädigt.

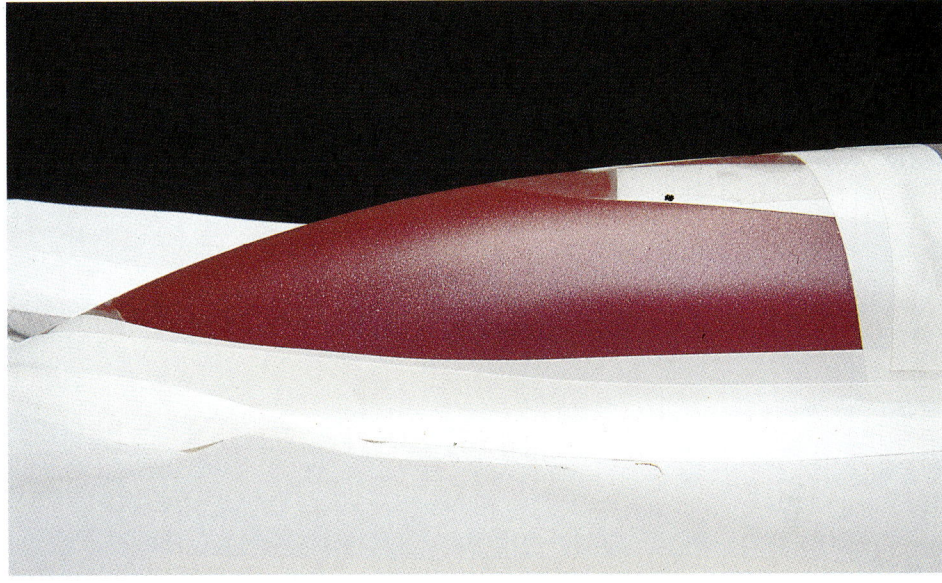

**Merke:**
**Wenn mit neuen, unbekannten Materialien oder Werkzeugen gearbeitet werden soll, sind Vorversuche außerordentlich wichtig!**

# Maskiermaterialien

Vorversuche sind natürlich auch für Abdeckbänder und Flüssigmasken nötig. Diese gehören zusammen mit Papier und Maskierfilm zu den wichtigsten Materialien, mit denen eine Spritzfläche eingegrenzt wird. Auch für Klebebänder zum Abkleben muß der Untergrund klebebandfest sein wie für den Maskierfilm. Bei Flüssigmasken, die mit einem Pinsel aufgetragen werden und dann zu einem undurchlässigen Film antrocknen (siehe Abb. 2.15), ist zu prüfen, ob die

Flüssigkeit die darunterliegende Farbe nicht anlöst bzw. der Hintergrund nicht anquellt. Wie und wozu sich die einzelnen Maskiermaterialien sinnvoll einsetzen lassen, zeigen die Beispiele an verschiedenen Modellen in den Bildern 2.15–2.18. Überschlagen Sie keine Kapitel, nur weil vielleicht das eigene Lieblingsmodell nicht behandelt wird! Neben modellspezifischen Anforderungen erfahren Sie bei allen Beschreibungen stets auch Grundlegendes, um ganz andere Modelle optimal zu gestalten.

**2.16**
**Die Maskierung für die „Cockpitscheibe" (vgl. die Abb. 5.15, S. 61) besteht aus Abdeckband, Maskierfilm oben und vorn, sowie aus Papier außen herum**

**2.17**
**Sehr schmale Streifen aus Klebeband müssen hier sorgfältig befestigt werden (s. Abb. 6.19, S. 80)**

**2.18**
Über selbstkleben-
den Sternchen-
masken wurde wie
beim Truckentwurf
frei gespritzt. Die
Korbstruktur ist
gleich den Mauer-
steinen auf Abb.
6.4, S. 72 heraus-
gearbeitet

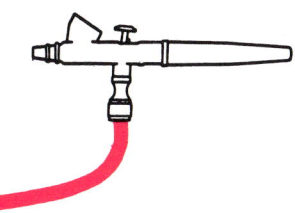

# Farbe im Modellbau

Bemalen, Lackieren, Verwittern, Altern, Patinieren – darum geht es, wenn ein passionierter Modellbauer das Erscheinungsbild großer Vorbilder täuschend ähnlich nachahmen will. Mit einem Detailfoto als Beleg dafür, wie unbeschwert sich mit der Illusion von Realität spielen läßt, wird dieses Kapitel eingeleitet. Das Auto im Vordergrund der scheinbar historischen Aufnahme (Abbildung 3.1) ist das gerade 10 cm lange Metallmodell eines Ford „Modell A"-Lieferwagens aus dem Jahre 1930. Beim genauen Betrachten des Wagens, der vor dem maßstabsgerechten Abbild einer Häuserfront steht, verrät der zu breite Fensterrahmen der Fahrertür, daß es sich um das Modellauto aus Abb. 3.2 handelt.

## Lackierungen

Der „Dreck", der das A-Modell ziert, ist mit dem Airbrush aufgespritzt, und damit sind wir beim eigentlichen Thema: Auf einen Airbrush für Farbgebung und Oberflächengestaltung im

**3.1**
**Aufnahme eines Ford „Modell A"-Lieferwagens (1930)**

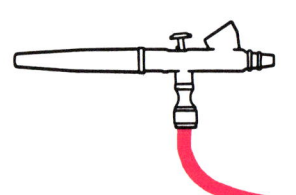

**3.2**
**Das Modellauto, das für die „historische" Aufnahme im hinteren Bereich mit dem Airbrush überarbeitet wurde**

Traktorenmodell aus Kunststoff (39 mm lang) braucht dagegen eine solche Schutzschicht nicht. Hier geht es nur darum, die Oberfläche des großen Vorbildes zu imitieren. Das bedeutet, daß die empfindlichen Bauteile des Schiffes mit einer Reihe von Lackaufträgen sorgfältig versiegelt werden müssen, während die Schichtstärke beim Spritzen des Treckers möglichst gering ausfallen sollte, da bei kleinen Präzisionsmodellen sonst wichtige Details der fein profilierten Oberflächen verloren gehen würden (siehe hierzu auch Modelle ab Seite 70).

Der Airbrush stellt in beiden Fällen das ideale Handwerkszeug dar. Das ist jedoch nur dann richtig, wenn Gerätegröße und Düsenbohrungen auf die Abmessungen des Modells abgestimmt sind (siehe dazu auch Kapitel: „Der Airbrush und wie er funktioniert", Seite 9). So ist für das Lackieren von größeren RC-Funktionsmodellen meist eine Düsenbohrung von

Modellbau wird niemand mehr verzichten wollen, der sich einmal in die verschiedenen Spritztechniken hineingefunden hat. Dabei ist es gleichgültig, ob nun das gezeigte Auto mit den Spuren täglicher Beanspruchung und von Umwelteinflüssen versehen werden soll, das Traumauto im Miniformat die lang erträumte Lackierung erhält oder gänzlich andere Oberflächen zu gestalten sind.

Das Thema Lackierung steht deshalb am Anfang, weil sie erst einmal vorhanden sein muß, bevor sie Gebrauchsspuren tragen, bzw. vom „Zahn der Zeit" gezeichnet sein kann.

Im Modellbau wird unterschieden zwischen Lackierungen, die eine wirkliche Schutzfunktion erfüllen und solchen, die lediglich den Ein-

druck einer schützenden Lackierung wiedergeben. Beispiel: Wenn der perfekte Nachbau einer erfolgreichen Hochseeyacht (RC-Modell, Höhe 1920 mm) entsprechend seinem großen Vorbild Farbe erhält, so muß der Lack die dort verwendeten Werkstoffe wie Holz oder Metall vor dem direkten Kontakt mit Wasser schützen. Ein kleines

**3.3**
**Ein kleines Traktormodell – links vor und rechts nach dem Lackieren. Feinste Profile wie das im Fußraum müssen erhalten bleiben**

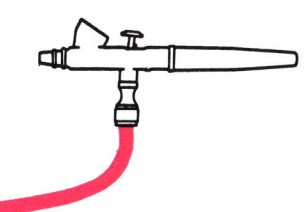

# Lacke

0,5 mm bis 0,8 mm mit einem dazu passenden Farbbehältervolumen sinnvoll, während beispielsweise für ein Sportwagenmodell im Maßstab 1:18 oder kleiner, Düsengrößen von 0,2 mm bis 0,4 mm ausreichen.

## Lacke

Was sind Lacke? Nach einer älteren Definition sind Lacke Auflösungen nichtflüchtiger, filmbildender Stoffe in flüchtigen organischen Lösungsmitteln. Zweck der Lackierung ist die Erzeugung zusammenhängender Überzüge, die den Gegenstand vor äußeren Einflüssen schützen und sein Aussehen heben sollen.

Eine ganze Reihe von Anbietern offeriert heute eigens für den Modellbau Farben, die z.T. mit organischen Lösungsmitteln, z.T. mit Wasser zu verdünnen sind. Gemeinsam mit den Airbrushfarben bietet diese Palette eigentlich für alle im Modellbau vorkommenden Materialien und Spritzarbeiten ein passendes Produkt; darüber hinaus lassen sich je nach Modell manchmal auch einzelne Farbsorten, die an sich nichts mit unserem Thema zu tun haben, verarbeiten.

**3.4**
**Exzellentes Beispiel für ein Modell mit „wind- und wasserfester" Lackierung**

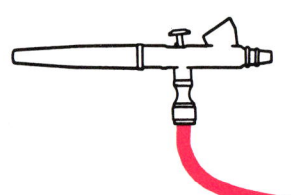

**3.5**
**Blick in die Spritz-
kabine einer Lak-
kiererei während
des Lackierens**

# Was bei Lackierungen zu beachten ist

Wer sich einmal in Ruhe eine Autolackiererei angesehen hat (siehe Abb. oben), weiß, daß hier eine oder mehrere Spritzkabinen mit leistungs- starken Absauganlagen aus- gestattet sind. Deren Aufgabe ist es, die Luft am Arbeitsplatz sowohl von Staubpartikeln sauber zu halten – die als häßliche Pickel eine Lackie- rung verunstalten können – als auch vom Farbnebel, der beim Lackieren mit einem Spritzapparat unweigerlich entsteht. Dieser Spritznebel

verteilt sich meist weiträumig, wenn er nicht abgesaugt wird, und zieht damit zumin- dest einen erheblichen Reini- gungsaufwand nach sich. Außerdem ist er in jedem Fall gesundheitsgefährdend. Zum einen sind es die feinst zer- stäubten Farbpartikel, die beim Spritzen ohne Atem- maske eingeatmet werden, zum anderen sind es bedenk- liche Lösungsmitteldämpfe, die über die Atemwege in den Körper gelangen. Von den Dämpfen organischer Lösungsmittel, die leicht ent- zündbar sind, geht zudem die Gefahr einer Verpuffung (Explosionsgefahr!) aus, wenn sie in der Raumluft eine bestimmte Konzentration erreichen.

Es ist deshalb in mehrfa- cher Hinsicht sinnvoll, Spritz- arbeiten ab einer bestimmten Größenordnung einem Fach- betrieb zu überlassen. Schon das notwendige „Drumherum", das erst die einwandfreie und gefahrlose Ausführung einer solchen Lackierung erlaubt, ist sehr aufwendig und kosten- intensiv.

Dies alles soll aber keines- wegs heißen, daß das Lackie- ren von Modellen in den hier behandelten Größen nicht möglich ist.

Einen guten Eindruck, ab welcher Größe in etwa über- legt werden soll, ob die Grenze zwischen Eigen- und Fremdarbeit erreicht ist, ver- mittelt das RC-Modell in Abb. 3.6, dessen Maße sich durch

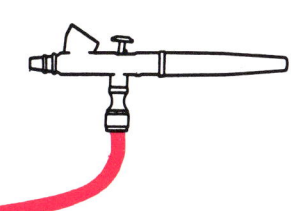

# Atemschutz und Absauganlagen

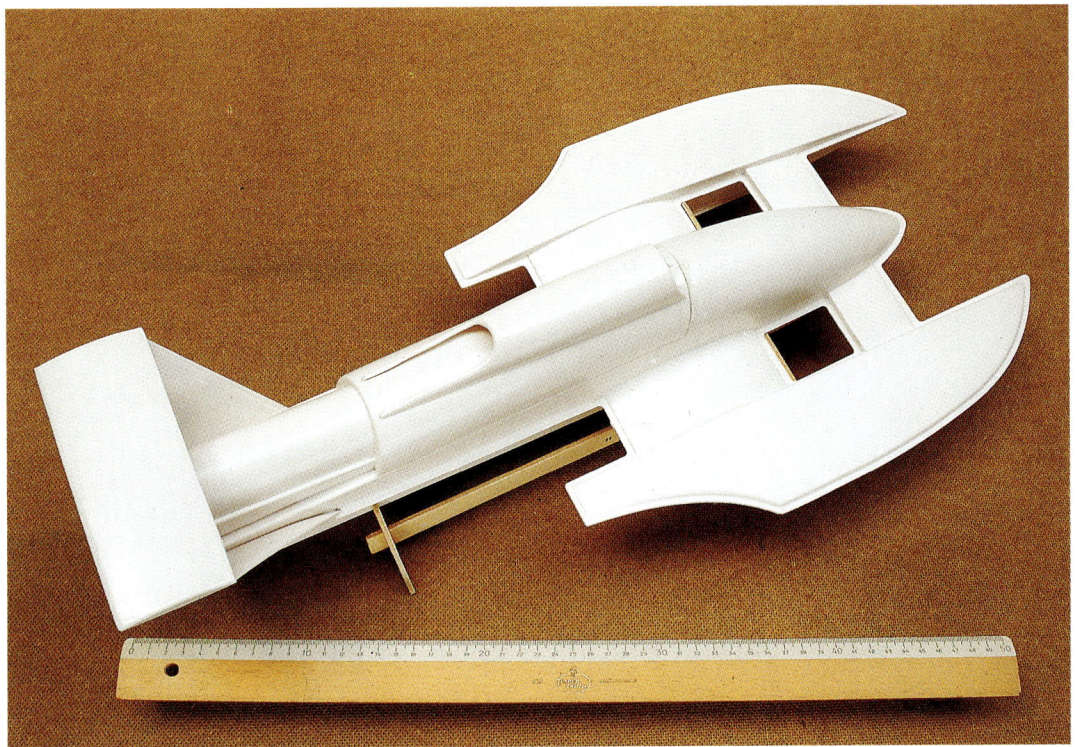

**3.6**
**Das Lineal neben dem unlackierten Rennboot zeigt die Größenordnung, in der das Wo und Wie einer Spritzlackierung schon sehr genau überlegt sein will**

das danebengelegte Lineal gut einschätzen lassen. Natürlich spielen für diese Überlegung auch die eigenen Räumlichkeiten und deren Einrichtung eine wichtige Rolle.

Man kann sich mit Absauganlagen recht unterschiedlicher Leistung helfen, sowie kleinen „Spritzkabinen", die im einfachsten Fall aus Karton und Vlies bestehen.

Letztere sind im Vergleich zu den meist auf den professionellen Anwender zugeschnittenen Absauganlagen selbstverständlich billiger. Sie sind recht unproblematisch aufzu-

## Atemschutz und Absauganlagen

Das Lackieren wirklich großer Modelle sollte also, soweit sie nicht in Teilen nacheinander zu spritzen sind (!), in einer Lackiererei vorgenommen werden. Aber auch bei Modellen im kleineren Maßstab sind Sauberkeit und Gesundheit nicht außer acht zu lassen.

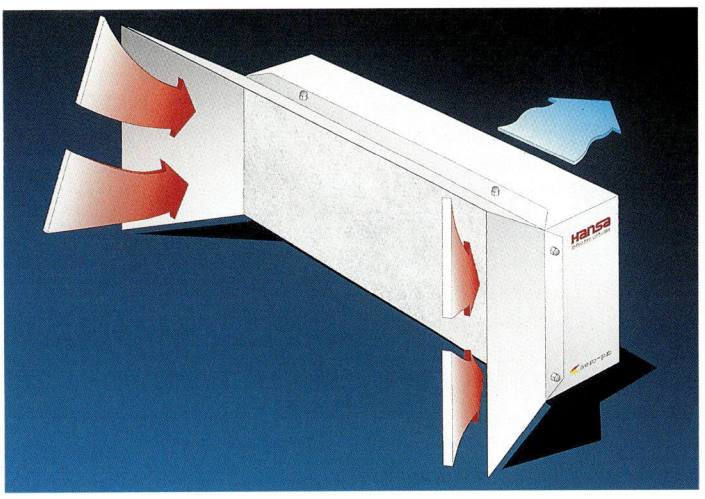

**3.7**
**Eine Airbrush-Absauganlage mit auswechselbarer Filtermatte und nachrüstbarem Kohlefilter**

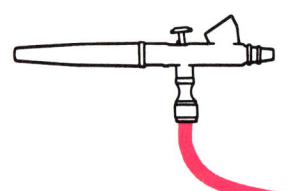

**3.8**
**Spritzkabine aus Karton und Vlies. Links oben hängt eine einfache Staubmaske**

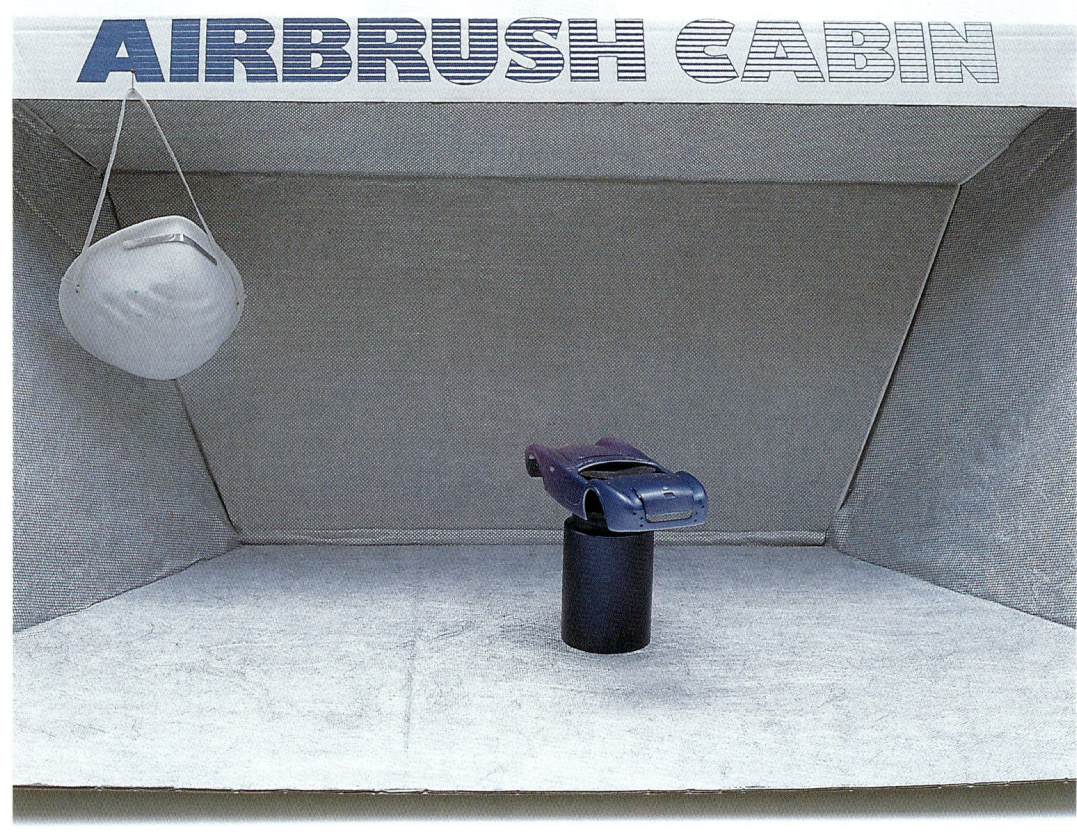

bauen und den eigenen Wünschen entsprechend einzurichten. Ein gut geeignetes Material für die Wandgestaltung sind z.B. Filtermatten, wie sie für Dunstabzugshauben in Küchen preiswert angeboten werden.

Unabhängig davon, ob nun mit einer leistungsstarken Absauganlage oder einem selbstgebauten „Staubfänger" gearbeitet wird, sollte beim Lackieren in jedem Falle eine kleine Staubmaske aufgesetzt werden (wie auf Abb. 3.8). Sie ist im Farbenhandel erhältlich, nicht allzu teuer und schützt gegen den Farbstaub. Wirkungslos ist diese

Staubmaske allerdings gegen die organischen Lösungsmittel in Farben. Da diese zugleich die Gefahr einer Verpuffung mit sich bringen, sollten solche Farben zuhause nur in sehr kleinen Mengen und in außerordentlich gut belüfteten Räumen verarbeitet werden.

## Wasser-verdünnbare Airbrush- und Acrylfarben

Welche Farbarten sind für welche Aufgabenstellungen

am besten geeignet? Die Anforderungen an die ideale Spritzfarbe müßten lauten: ganz leicht zu verarbeiten, nach dem Auftragen möglichst völlig unempfindlich gegen äußere Einflüsse und natürlich absolut lichtecht. Leicht zu verarbeiten ist farbige Tinte. Jedoch ist sie nur auf Papieren und Fotomaterialien zu gebrauchen, zudem wenig lichtecht und schon ein feuchter Finger kann ausreichen, ein gelungenes Spritzbild völlig zu ruinieren.

Zu den Farben, deren Verarbeitung keine besonderen Vorkehrungen oder Hilfsmittel wie Verdünner oder Reini-

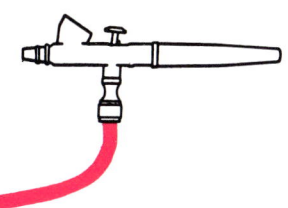

# Airbrushfarben

ger erfordert und die zumindest mit dem Pinsel problemlos aufzutragen sind, gehören wie Tinten und Dyer alle wasserverdünnbaren Farben. Sie werden ohne Zusatz leicht flüchtiger Verdünnungsmittel wie Alkohole oder Nitroverdünner verarbeitet. Damit besteht auch keine Feuer- und Explosionsgefahr. Vereinfacht dargestellt bestehen Farben in ganz unterschiedlicher Zusammensetzung aus Pigmenten oder Farbstoffen, Bindemitteln, Lösungsmitteln sowie Zusatzstoffen (zur Verbesserung bestimmter Eigenschaften, wie Fließverhalten oder Trokkenzeit usw.).

Die Bezeichnung „wasserverdünnbar" bezieht sich auf das jeweilige Bindemittel, das die Pigmente (winzig kleine, feste Farbpartikel) nach dem Aufbringen der Farbe mit dem Malgrund verkleben soll. Da dem Bindemittel die Funktion des Bindens der Farbe an den Untergrund zukommt, ist von ihm auch die Widerstandsfähigkeit eines getrockneten Farbauftrags gegen äußere Einflüsse in besonderem Maße abhängig. Widerstandsfähigkeit heißt hier in erster Linie Haftfestigkeit, Wisch- und Kratzfestigkeit sowie Anlösbarkeit nach dem Trocknen. Wären diese Punkte – bis auf das Anlösen – für einen gespritzten Farbauftrag nicht hinreichend gewährleistet, könnte beispielsweise schon das erste Abdecken bzw. Maskieren

mit Maskierfilm das Aus für das Spritzbild bedeuten.

Stichwort „Anlösen des durchgetrockneten Farbauftrags": Airbrush- und Acrylfarben trocknen wasserfest auf. Da sie sich zudem durch eine gute Haftfestigkeit nicht nur auf Papier und Karton, sondern auch auf anderen Spritzgründen auszeichnen, lassen sie in puncto Unempfindlichkeit des Farbauftrags z.T. kaum Wünsche offen.

Die Pigmente, die in den genannten Farben meist verwendet werden, sind überwiegend von guter bis sehr guter Qualität, und besitzen damit gute Lichtechtheit. Anders sieht es hingegen mit der Spritzbarkeit aus. Nicht alle Acrylfarben sind trotz sorgfältigstem Verdünnen und Aufrühren gut spritzbar bzw. für Feinarbeiten geeignet. Aus diesem Grunde wurden für feine Spritzbilder spezielle flüssige Acrylfarben, sogenannte Airbrushfarben, entwickelt.

## Airbrushfarben

Airbrushfarben haben feine bis sehr feine Pigmente. Die Pigmente schweben in der flüssigen Farbe oder sollen sich sehr leicht wieder aufschütteln lassen, wenn sie sich nach einer gewissen Zeit abgesetzt haben. Je nach Hersteller und Farbton können/sollten sie zum Spritzen mit Wasser verdünnt werden.

Speziell beim Ausarbeiten von Motiv- und Designlackierungen kann es sonst zu einem ungleichmäßigen und körnigen Farbauftrag kommen, auch Haftungsprobleme sind nicht auszuschließen. Das sinnvolle Verdünnungsverhältnis einzelner Farben kann selbst innerhalb des Farbsortiments eines Herstellers so stark schwanken, daß wie bei allen anderen Farbsorten auch Spritztests den besten Aufschluß über das notwendige Maß der Verdünnung geben.

Davon, daß mit den Airbrushfarben nun die ideale Spritzfarbe gefunden wäre, ist ein kleiner Abstrich zu machen: Verstopfte Düsen und Farbnadeln, an denen ringförmig ein Farbwulst antrocknet, wodurch der Airbrush seine Funktion einstellt, sind klassische Probleme mit Pigmentfarben. Das kann auch bei der Verwendung von Airbrushfarben passieren und zwingt zum Unterbrechen der Arbeit und zum Säubern des Spritzapparates. Für viele Profis sind inzwischen Acrylfarben bzw. Airbrushfarben dennoch die Farben schlechthin, wenn nicht besondere Rahmenbedingungen ihre Verwendung von vornherein verbieten.

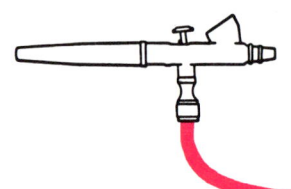

# Spritzversuche und Tests

Die größe Sicherheit für die eigene Entscheidung, womit im Einzelfall am besten zu spritzen sei, womit gegebenenfalls grundiert und mit welchem Lack möglicherweise abschließend versiegelt werden soll, geben Spritzversuche und Teststücke. Zu prüfen ist der Verdünnungsgrad und die Spritzbarkeit (es gibt Farben, die sich nicht sonderlich gut bzw. überhaupt nicht dazu eignen), die Verträglichkeit mit dem Untergrund und evtl. mit anderen Farben sowie die Haftfestigkeit.

Beim Bau eines Modells fallen in der Regel von allen mit einem Farbauftrag zu versehenden Materialien ausreichend große Musterstücke für Tests ab. Bei Kunststoffbausätzen beispielsweise können dies die sogenannten Spritzlinge sein. Spritzlinge oder auch Gießäste heißen die Verbindungsstücke, an denen die einzelnen Bauteile hängen. Kunststoffrümpfe und -karosserien für RC-Modelle werden häufig als geformte Schalen geliefert, die noch zurechtzuschneiden sind und so Teststücke abgeben. Bei Holzmodellen bleiben nach dem Heraustrennen der Bauteile Brettchenreste, und mit solchen Beispielen (siehe Abb. 3.9) läßt sich diese Reihe eigentlich für alle Modellarten fortsetzen. Zu den Ausnahmen gehören fertige Großserienmodelle, die besonders beim Thema Eisenbahn eine Rolle spielen.

**3.9**
**Teststücke aus unterschiedlichsten Hölzern und Kunststoffen fallen beim Bauen der verschiedenen Modelle automatisch an**

32

# Spritzversuche und Tests

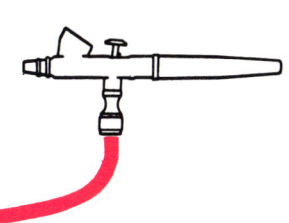

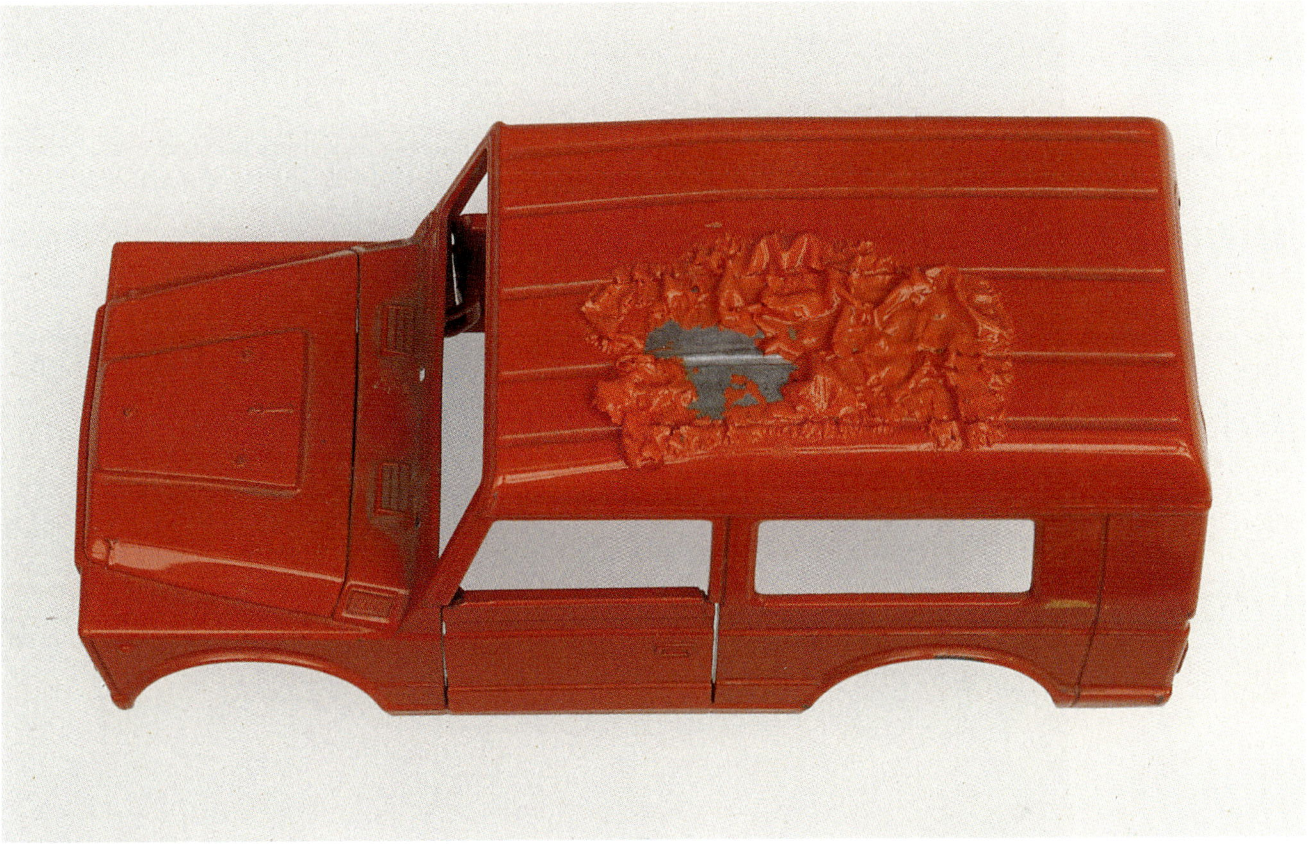

Hier empfiehlt es sich erst einmal, andere, beschädigte oder nur zu Übungszwecken erworbene Exemplare für Spritzproben heranzuziehen. Dabei ist darauf zu achten, daß die Modelle wirklich aus dem gleichen Material sind, da die Prüfergebnisse sonst zu falschen Schlüssen führen können. Zu den Voraussetzungen für aussagekräftige Tests bzw. gelungene Lackierungen gehört natürlich, daß das eigentliche Lackieren mit dem Airbrush erst einmal beherrscht wird. Die Übung, die für eine erstklassige Lackierung notwendig ist, wird nämlich immer wieder unter-

schätzt und somit manch schönes Modell durch Unerfahrenheit ruiniert. Sehr gut zum Üben mit unterschiedlichsten Farbsorten eignen sich Metallobjekte wie die am Anfang des folgenden Kapitels lackierte Metallkarosserie. Solche Karosserien gibt es recht günstig im Spielzeughandel zu kaufen. Sie haben den großen Vorteil, daß sich die auf ihnen befindlichen Farbschichten wiederholt entfernen lassen, ohne daß die Teile Gefahr laufen, dabei ernsthaft beschädigt oder gleich zerstört zu werden (siehe Abb. 3.10). Gelingen erst einmal einfarbige Lackie-

rungen, so sind Tests, mehrfarbige Objekte und schließlich Designlackierungen sehr viel sicherer in Angriff zu nehmen.

An dieser Stelle weise ich noch einmal darauf hin, daß die ganze Bandbreite an Farbsorten und Vorgehensweisen zwar anhand bestimmter Modelle vorgestellt wird, das meiste davon aber übertragbar ist und vielfältig genutzt werden kann!

**3.10**
**Die Originallackierung eines Großserienmodells aus Metall läßt sich mit einem geeigneten Abbeizer leicht entfernen**

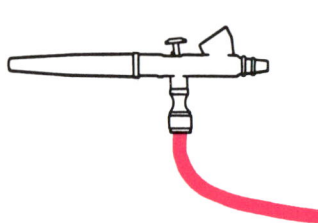

**4.1**
**Ein sauber lackiertes Fertigmodell aus Metall kann eine gute Orientierungshilfe sein**

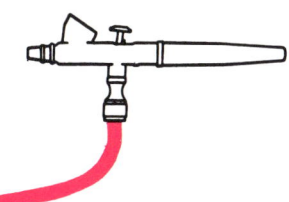

# Metall- und Plastik-Bausätze und Modelle

Im Zusammenhang mit der ersten „richtigen" Lackierung auf einer Metallkarosserie ist es natürlich erst einmal interessant zu wissen, welche Maßstäbe angelegt werden können und sollen. Hilfreich sind dabei lackierte Großserienmodelle, die es in großer Auswahl maßstabsgetreu zu kaufen gibt (speziell 1:18/ 1:24). Ein kritischer Blick über ihren Lack (siehe Abb. 4.1) gibt zudem Aufschluß über qualitative Unterschiede, die

selbstverständlich auch hier vorkommen, wenngleich die meisten Lackierungen als „ordentlich" einzustufen sind. Schwachstellen, die hin und wieder gerade in innenliegenden Ecken und Winkeln auftauchen, stören erst auf den zweiten Blick und lassen sich bei eigenen Lackierungen mit zunehmender Erfahrung vermeiden.

Wichtig für die eigene Lackierpraxis ist, daß Ecken und schwer zugängliche Winkel

nicht durch voreiliges Zusammenfügen einzelner Bauteile erst geschaffen werden. Bei Baugruppen, die letztlich eine einheitliche Farbgebung erhalten sollen, bietet sich im ersten Moment eine Montage vor dem Lackieren an, da speziell beim Zusammenkleben von Einzelteilen Farbe, die vorab aufgetragen wurde, an den Klebestellen/-flächen wieder entfernt werden muß. Das partielle Abkratzen einer aufgespritzten Farbschicht ist

**4.2**
**Dieses Beispiel belegt eindrucksvoll, daß ein Modell vor dem Zusammenbau lakkiert werden sollte**

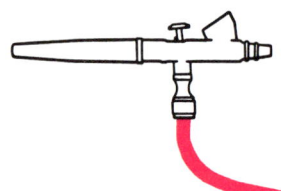

oftmals aber leichter zu bewerkstelligen als das Einfärben von innenliegenden Bauteilen. Diese sind entweder kaum zu erreichen oder aber angrenzende Oberflächen werden durch ein Zuviel an Farbe in Mitleidenschaft gezogen.

Näherliegend ist das getrennte Spritzen von Einzelteilen vor dem Zusammenfügen, wenn diesen eine unterschiedliche Einfärbung zugedacht ist bzw. angesetzte Bauteile nur teilweise oder auch gar nicht zu lackieren sind. Das fachgerechte Maskieren einzelner Elemente am fertigen Modell (siehe beispielsweise Abb. 4.2) wäre derart aufwendig – bzw. chancenlos –, daß sich dies schon von selbst verbietet.

## Spezialhalter und drehbare Lackierpodeste

Soweit es möglich ist, sollten kleine Bauteile zum Lackieren erst einmal an ihrem Gießast verbleiben. Das Halten der Spritzlinge bzw. der kleinen und mittleren Bauteile übernehmen Spezialhalter, wie sie auf dem Foto 4.3 zu sehen sind. Mit ihrer Hilfe werden die zu lackierenden Teile in der zum Spritzen günstigsten Position fixiert. „Günstigste Position" bedeutet, daß sie von allen Seiten zugänglich sind und in einem Arbeitsgang rundherum Farbe erhalten können.

Für größere Elemente, wie ganze Karosserien, können die kleinen Halter natürlich nicht genommen werden. In Betracht kommen dann größere Haltevorrichtungen und individuelle Lackierpodeste. Auf der Abbildung 3.8 steht das Modell in der Spritzkabine auf einem geeigneten Podest. Zu den Anforderungen, denen ein solches Lackierpodest in erster Linie genügen muß, zählt ein so fester Halt des Modells, daß es sich beim Drehen des Podests gefahrlos mitdreht. Dieser sichere Halt beim Drehen ist Voraussetzung dafür, daß das zu lackierende Objekt in einer kleinen Spritzkabine bzw. vor einer Absauganlage von allen Seiten problemlos bearbeitet

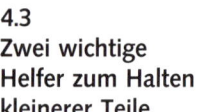

**4.3**
**Zwei wichtige Helfer zum Halten kleinerer Teile**

# Staub

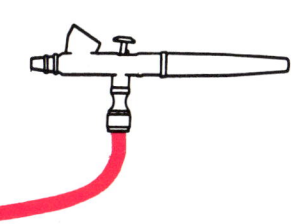

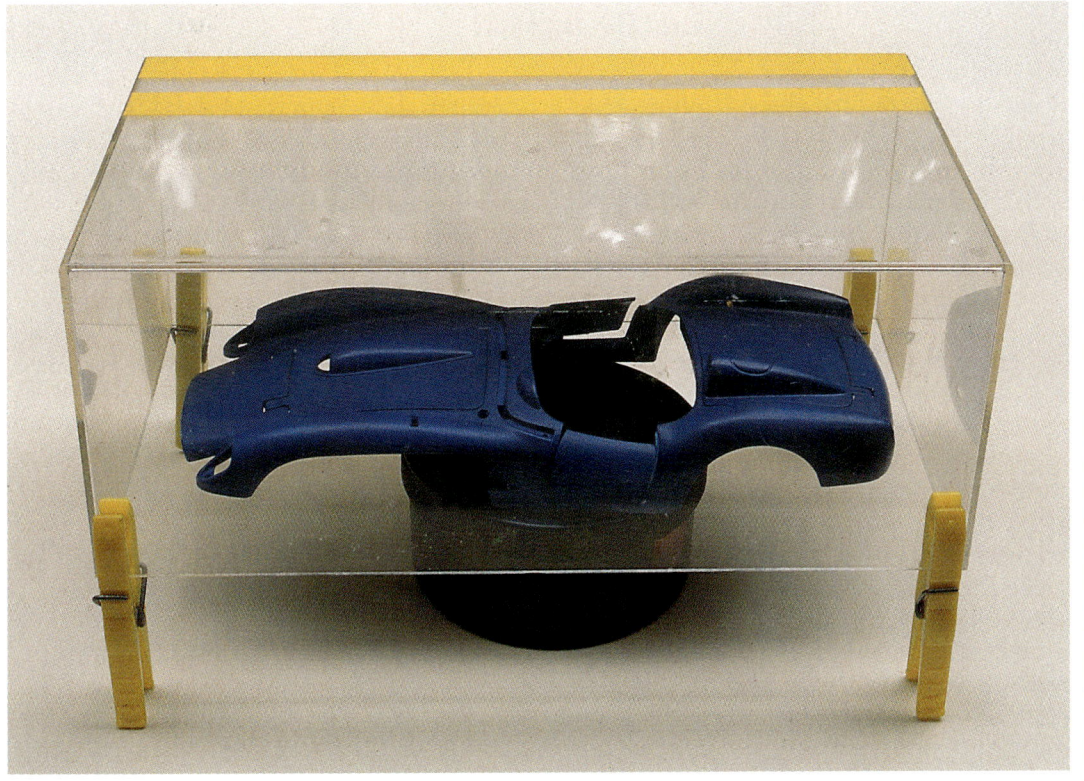

werden kann. Das Lackierpodest darf nur so groß sein, daß die zu spritzenden Oberflächen nicht direkt auf eine Podestfläche stoßen. Neben der Bildung häßlicher Kanten könnte das nämlich zu einer seitlichen Reflexion des Sprühstrahls führen – ein ungleichmäßiges Spritzbild wäre die Folge.

Es gibt zwei Gründe, weshalb zu lackierende Teile nicht einfach auf den Boden der Spritzkabine bzw. auf den Arbeitstisch gelegt werden sollten. So besteht die eben beschriebene Gefahr, daß der Sprühstrahl reflektiert und Farbe verwirbelt wird. Es können aber auch Staub- und Farbpartikel wieder aufgewir-

belt werden, die sich während des Arbeitens unvermeidlich absetzen. Und Staubteilchen sind der Ruin jeder Lackierung ...

## Staub

Bevor es mit dem Lackieren losgeht, ist noch zu klären, wohin das frisch lackierte Modell dann anschließend gestellt werden soll. Eine Lakkierung wird ja nicht nur während des Spritzens, sondern je nach Farbsorte auch eine ganze Zeit danach staubempfindlich sein. Zusammen mit dem Arbeitsplatz muß also der Ort, an

dem das Modell anschließend zum Trocknen steht, so staubfrei wie möglich sein.

Während das Aufwirbeln von Staub aus dem Umfeld mit penibler Sauberkeit in den Griff zu bekommen ist, bleibt der allgemeine Staubgehalt der Luft als mögliches Problem bestehen. Nun ist die Staubmenge in der Luft in großem Maße von der Luftfeuchtigkeit abhängig, d.h. je höher die Luftfeuchtigkeit, desto weniger Staub, der umher fliegt. (Zur Erinnerung: Jeder kennt die herrlich frische Luft nach einem Gewitterregen am Ende eines heißen, staubigen Sommertages.) Ein Ratschlag, den Profis in diesem Zusammenhang

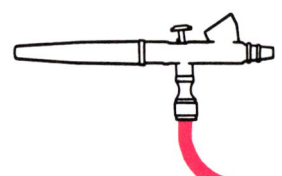

geben, lautet: Vor Arbeitsbeginn mit dem Airbrush eine ordentliche Ladung klares Wasser in die Luft versprühen!

Nach dem Lackieren kommt das Modell dann „unter die Haube". Für neugierige Geister, die hin und wieder nach ihrem Werk gucken müssen, sind Plexiglasabdeckungen wie auf der Abb. 4.4 vorteilhaft; ansonsten leisten selbstverständlich auch saubere Kartons ausgezeichnete Dienste. Zu beachten ist, daß die frisch lackierten Teile nicht völlig eingeschlossen werden, also gut ablüften können. Den notwendigen Luftaustausch gewährleisten beispielsweise Wäscheklammern, die die Abdeckung auf Distanz zum Boden halten.

# Grundieren

Als nächstes ist zu klären, ob mit dem Spritzen einer Grundierung oder gleich mit dem Aufbringen des gewünschten Lacks begonnen wird. Eine Grundierung kann zweierlei Aufgaben erfüllen. Zum einen ermöglicht sie als sogenannter Haftgrund, daß ein Lack auf einem Material hält. Der Haftgrund ist hier also eine Art Bindeglied. Zum anderen hilft eine Grundierung, wenn mit einer wenig deckenden Farbe auf einem Modell aus unterschiedlich eingefärbten Materialien ein gleichmäßiger Farbeindruck erzielt werden soll. Beispiele hierfür sind das Flugmodell auf dem Foto 5.5, Seite 53 und das Lokmodell auf der Abbildung 5.24, Seite 66.

Wenn ein Metallmodell (siehe Abb. 4.5) nach gründlicher Reinigung einen Haftgrund erhält, so füllt dieser zugleich feinste Oberflächenunebenheiten und Poren und ermöglicht damit eine wirklich glatte Lackoberfläche. Spritzen Sie nur solche Grundierungen, die für den Modellbau nachweislich gedacht bzw. geeignet sind. Ein Füll- und Haftgrund (Filler), der eigentlich für andere Zwecke angeboten wird, vermag nicht nur feinste Poren, sondern gegebenenfalls die gesamte Oberflächenprofilierung eines Modells verschwinden zu lassen.

Grundierungen werden wie Lacke in dünnen Schichten schrittweise gespritzt. Nach dem Durchhärten (dies kann bei Raumtemperatur je nach Art der Grundierung 12 bis 14 Stunden oder sogar eine Woche dauern) beseitigen Naßschleifpapiere – 600er bis 1200er Körnung – oder ähnlich feine Schleifmittel die letzten Unebenheiten.

**4.5**
**Die vom alten Lack befreite und gründlich gereinigte Metallkarosserie**

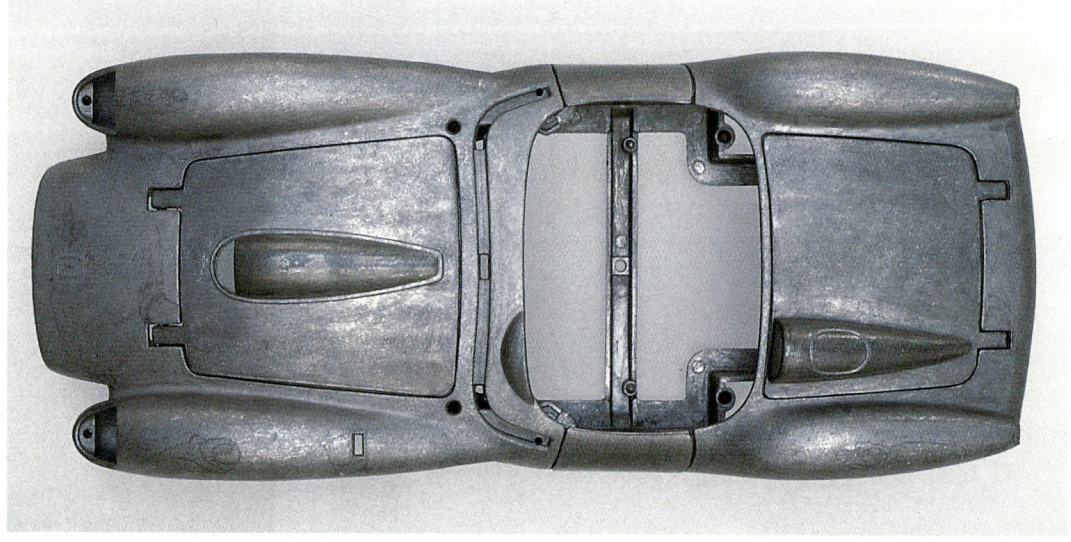

# Lackieren

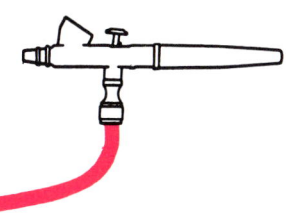

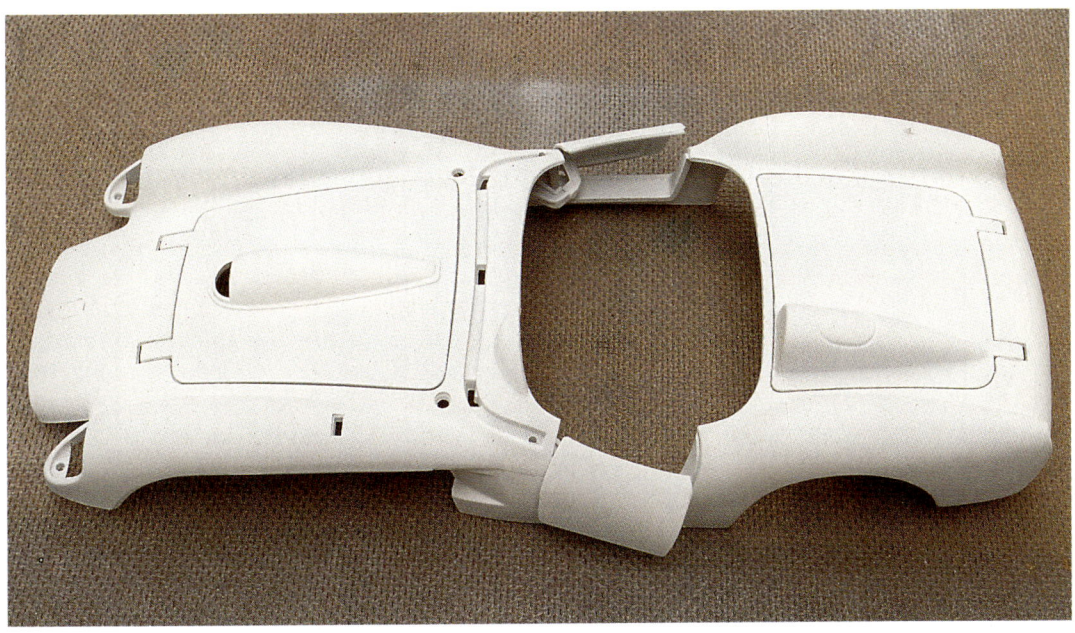

**4.6**
**Die grundierte und geschliffene Karosserie auf dem Arbeitstisch**

## Lackieren

Das so vorbereitete Metallmodell (siehe Abb. 4.6) kann jetzt lackiert werden. Sie können sofort beginnen, wenn Ihre Wunschfarbe aus einem Farbensortiment ungemischt übernommen werden kann. Häufiger aber wird der Modellbauer sich seine eigene Wunschfarbe anmischen bzw. einen ganz bestimmten Lack nachstellen wollen. Dabei ist es ratsam, die Mischungsverhältnisse der dafür herangezogenen Farbtöne genau zu notieren. Geschieht dies nicht, kann ein späteres Nachmischen – weil z.B. die Farbmenge nicht ausreicht oder die Lackierung im nachhinein ausgebessert werden muß – große Schwierigkeiten bereiten. Zudem ist es empfehlenswert, nicht gleich größere Lackmengen anzumischen, denn wenn das Mischen einmal nicht zum gewünschten Ergebnis führt, ist damit auch die entsprechende Farbmenge zumindest für diese Lackierung verloren. Ist das Anmischen mit wenig Farbe gelungen, läßt sich das notierte Mischverhältnis einfach verdoppeln, verdrei- oder vervierfachen usw., bis die benötigte Farbmenge erreicht ist. Kleine Farbtonabweichungen, die sich daraus ergeben können, lassen sich dabei mit wenigen zusätzlichen Tropfen korrigieren.

Für alle, die sich noch keine Fotokopiervorlage für einen eigenen Mischbogen gezeichnet haben, ist die Abb. 4.7 Seite 40 gedacht. Auf diesem Bogen sind durch sein A4-Format auch umfangreiche Mischvorgänge bequem (und ohne Lupe) am Arbeitsplatz zu dokumentieren. Von seinem Aufbau her ist der Mischbogen so angelegt, daß bei Mischungen mit vielen Zwischenschritten das (Zwischen-) Ergebnis aus der letzten Zeile eines Blattes als Vorgabe in die erste Zeile eines neuen Bogens übernommen werden kann. Nach Abschluß des Lackierens gestattet das A4-Format zudem ein einfaches Abheften. Das ist besonders bei Modellen wichtig, bei denen Beschädigungen nicht auszuschließen sind (RC- und Eisenbahnmodelle usw.) und Nachlackierungen notwendig werden können.

Ein konkretes Beispiel für ein Mischprotokoll zeigt die Abb. 4.8. Das Automodell, das auf Abb. 4.9 zu sehen ist, soll den roten Originalfarbton des Vorbilds erhalten. (Aber

**Farbprobe**

4.7
Mischbogen
(Kopiervorlage).
Mehr als maximal
5 Farben sollten
an keinem Misch-
prozeß beteiligt
sein, da die entste-
hende Farbe sonst
zu „schmutzig"
wird

**Mischfarben**

**Grund-farbe**

**Objekt:**

| Farb-namen | Anteile | + Anteile | + Anteile | + Anteile | + Anteile | + Anteile | + Anteile | + Anteile | = Anteile |
|---|---|---|---|---|---|---|---|---|---|
| | | | | | | | | | |

# Lackieren

4.8
Das Mischproto-
koll für die Karos-
serie auf der Abb.
4.9. Unter dem
Muster des Origi-
nallackes Rot 171
liegt die Karton-
schablone zum
Spritzen der Farb-
proben

4.9
Die grün durchge-
färbte Plastikkaros-
serie soll vorbild-
getreu rot lackiert
werden. Der Lack-
stift mit dem
Originallack liefert
das Farbmuster

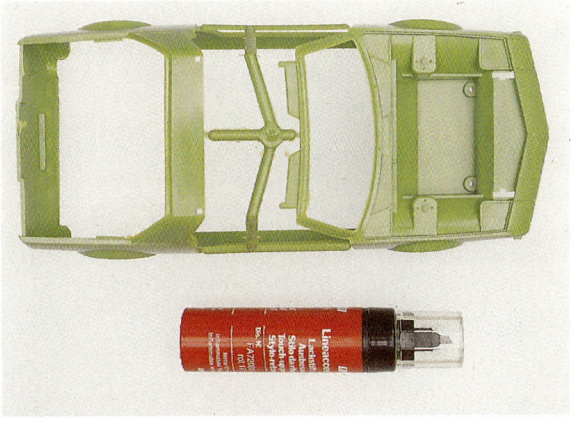

keine Original-Autolacke verwenden; sie sind auf die
Anforderungen einer Autolak-
kierung abgestimmt und nicht
für feinste Modellackierungen
konzipiert!) Mit dem neben
der Karosserie liegenden
Lackstift des Autoherstellers
entsteht ein Originallackmu-
ster, das auf Abb. 4.8 neben
dem Mischbogen liegt. Aus
einem Modellfarbensortiment
wird der nächstliegende Ton
als Grundfarbe ausgesucht
und in Richtung auf das Lack-
muster Schritt für Schritt vorsichtig abgetönt. (Zum
Mischen und Verdünnen kleinerer Farbmengen – wie
auch zum Befüllen des Airbrush – benutze ich Glaspi-
petten aus der Apotheke.)
Die neu entstehenden Farbtöne werden jeweils am Rand

aufgetragen und nach dem
Trocknen mit dem Muster
verglichen. Zum Abtönen
dürfen Sie nur Farben aus
dem selben Sortiment/mit
dem gleichen Bindemittel wie
die Grundfarbe nehmen. Sehr
wichtig sowohl für das
Mischen als auch für das Lak-
kieren ist außerdem, daß die
verwendeten Farben vollständig aufgerührt bzw. aufge-
schüttelt sind! Ihr Färbever-
mögen – genauso wie ihr
Glanzgrad und ihre Haftfestigkeit – kann sich sonst verändern und zu unangeneh-
men Überraschungen führen.
   Das bereits grundierte
Metallmodell erhält nun
einen dunkelblauen Lack.
Gespritzt wird die Lackierung
in feinen Schichten, die nicht
gleich decken müssen. Zwi-

schen den einzelnen Durchgängen können je nach Lack-
sorte Pausen von etwa 5 bis
10 Minuten sinnvoll sein.
Schleifen Sie die fertige Lakkierung bei hochglänzenden
Lacken nach dem Durch-
trocknen (siehe Abb. 4.10)
leicht an, um für die nachfolgenden Farb- und Lackauf-

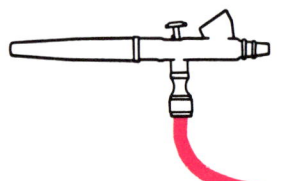

träge eine optimale Haftung zu gewährleisten.

**Achtung:** Selbst für das Anrauhen mit feinstem Naßschleifpapier muß der Lack völlig durchgetrocknet sein. Es ist also eine entsprechende Trockenzeit einzuplanen, sonst „schmiert" der scheinbar trockene Lack beim Anschleifen und die Lackierung ist ruiniert.

# Airbrush-arbeiten

Abb. 4.11 zeigt den Entwurf für eine Spiegelung, die als Airbrusharbeit der dunkelblauen Lackierung einen individuellen Charakter geben soll. Die Umrißlinie wird mit Blei- oder Filzstift auf Mas-

kierfilm übertragen und dieser Film dann – am besten schon geschnitten – auf das Fahrzeug geklebt. Das Schneiden vorab ist hier sinnvoll, da größere Maskierfilmstücke über gewölbte Partien der Karosserie nicht faltenfrei aufzuziehen sind. Bei bereits ausgeschnittenen Maskenteilen braucht nur auf ein festes Anliegen der Schnittkanten geachtet werden (siehe Abb. 4.12). Falten, die sich im dahinterliegenden Maskenbereich aufwerfen, haben auf die Qualität des Spritzbildes keinen Einfluß. Entlang der Schnittkanten wird nun ein leichter Verlauf gespritzt.

Der entscheidende Unterschied zwischen einer Airbrusharbeit und einer Spritzlackierung liegt in der beim Spritzen freigegebenen Farbmenge, die sich beim Arbei-

ten mit dem Airbrush sehr gering halten läßt. Der Farbauftrag kann entsprechend fein und der entstehende Farbnebel somit minimal sein. Mit der größeren Farbmenge will man beim Lackieren eine deckende Farbfläche und einen geschlossenen Lackfilm erreichen, während bei einer Airbrusharbeit lediglich ein Farbeindruck hervorgerufen werden soll.

Ein solcher Farbeindruck entsteht je nach Untergrund und Farbton bereits mit sehr wenig Farbe, wenn die verwendete Farbe hinreichend farbstark ist. Es genügt dann eine Art rasterförmiger, nicht geschlossener Farbauftrag. Dazu ist vorauszuschicken, daß innerhalb des Sprühstrahls, der vom Spritzapparat ausgeht, die zerstäubende Farbe in Form kleiner Tröpf-

**4.10**
**Auf diesem „Basislack" bereitet die nachfolgende Airbrusharbeit keinerlei Schwierigkeiten**

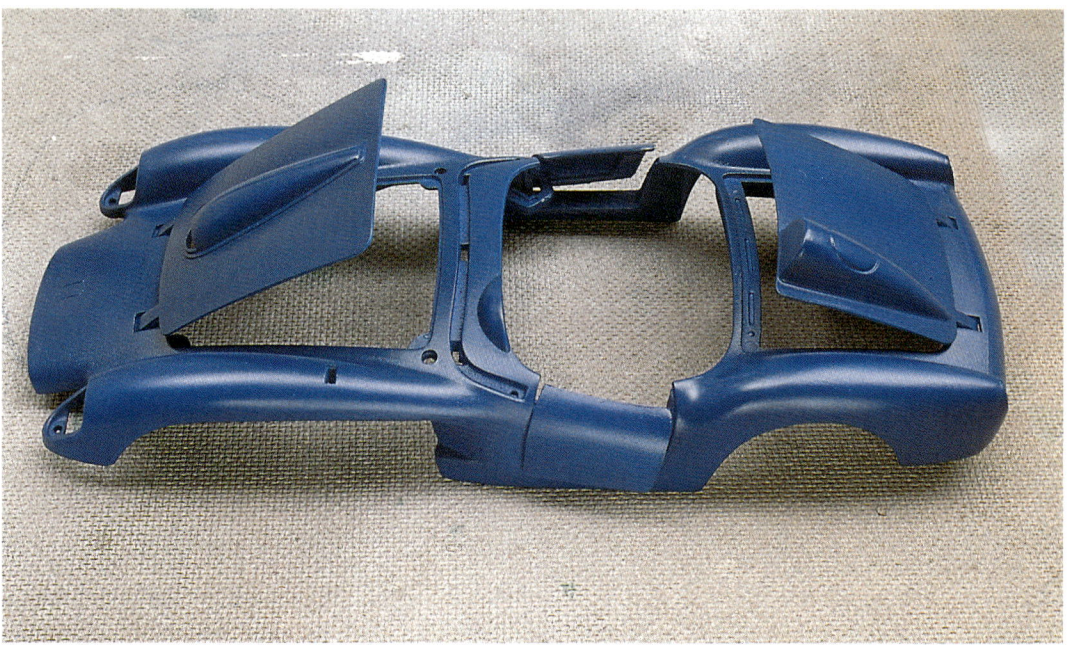

# Airbrush-Arbeiten

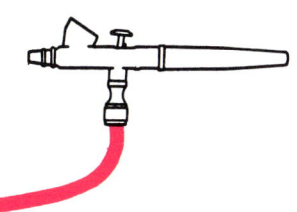

**4.11**
Links die Entwurfs-
zeichnung für die
Spiegelung auf
Heck- und Front-
partie, rechts die
schon auf Maskier-
film übertragenen
Schnittlinien für
die Fahrzeugseiten

**4.12**
Die bereits
geschnittenen
Maskierfilme wur-
den vorsichtig an
ihren Platz
gebracht. Fest
angedrückt wird
erst, wenn alles
wirklich richtig
liegt

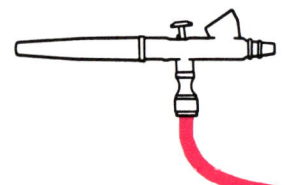

chen mitgerissen wird. Diese Tröpfchen bilden, wenn sie auf den Spritzgrund treffen, einen unregelmäßigen Raster. Er ist, wenn sorgfältig gespritzt wurde, mit dem bloßen Auge nicht zu erkennen.

Veranschaulichen läßt sich ein solcher Raster leicht mit Hilfe eines Zeitungsfotos: Alle dort wiedergegebenen Tonwerte werden, wie der Blick durch ein Vergrößerungsglas zeigt, mittels Rasterpunkten aufgebaut, die mit zunehmender Intensität des Farbtons an Größe gewinnen, dichter zusammenrücken und schließlich eine netzartige Struktur bilden. Nun liegen einem gespritzten Raster keine linearen Strukturen zugrunde, doch das hat lediglich Auswirkungen auf den Tonwertzuwachs beim Überspritzen und ist in diesem Zusammenhang unerheblich. Von Bedeutung ist hingegen hier, daß durch die Art des Spritzens auch beim vielfachen

Übereinanderlegen von solch fein dosierten „Tröpfchenrastern" die Farbe nicht völlig ineinander läuft und somit keine hochglänzende Oberfläche bilden kann. Stichwort „Oberflächenglanz": Es ist im Einzelfall durchaus möglich, daß sich der gewünschte Farbeindruck schon mit einem derart geringen Farbauftrag einstellt, daß keinerlei Veränderungen im Glanzgrad der überspritzten Oberflächen zu beobachten ist.

Ganz anders hinsichtlich des Glanzgrades und des Rasters verhält es sich natürlich, wenn mit Effektfarben (Perl Metallic-Farben, Iriodin-Farben) bewußt grobe Rasterstrukturen mit starkem Glanz gespritzt werden. Mehr Informationen dazu gibt es beim Thema „Effektlackierungen", Seite 56. Eine relativ fein gespritzte Effektfarbe, und zwar Perl-Metallic-Lila, kam zusammen mit einem deckenden Blauviolett auch

auf unsere blaue Lackierung (siehe Abb. 4.13). Durch die Verläufe, die mit dem Übereinanderlegen von rasterförmigen Spritzbildern entstehen, wird das eben Gesagte gleich am konkreten Beispiel anschaulich.

Die für diese Airbrusharbeiten verwendeten Farben sind flüssige Acrylfarben bzw. Airbrushfarben aus Künstlerfarbensortimenten. Speziell für den Profi ist es bei Airbrusharbeiten wichtig, daß die oft mit einer ganzen Serie von Maskiervorgängen entstehenden Spritzbilder zügig ausgeführt werden können. Für die Praxis bedeutet dies, daß die Farben bereits unmittelbar nach dem Spritzen fest und mit Maskierfilm problemlos abzudecken sein sollen. Wenn sachgerecht, d.h. „trokken" gespritzt wurde – also keinerlei Feuchtigkeit auf dem Spritzgrund sichtbar wird – erfüllen solche Airbrushfarben diese Anforderungen.

**4.13**
**Die Airbrusharbeit nach dem Abnehmen der Masken. Gespritzt wurde ein helleres, dekkendes Blauviolett und ein Metallicton**

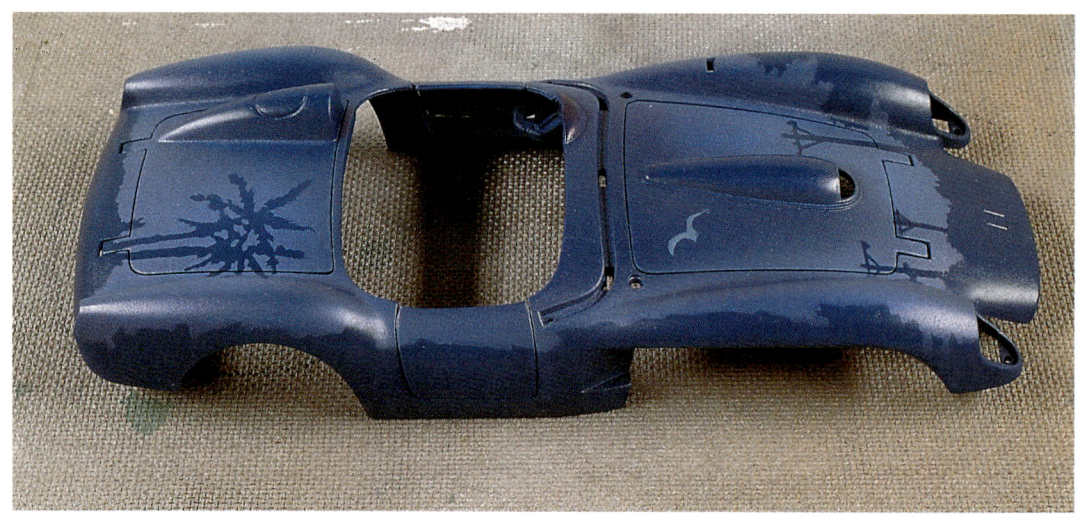

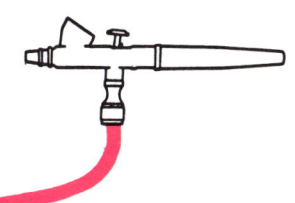

## Wasserverdünnbare und lösungsmittelhaltige Farben

Airbrush- und wasserverdünnbare Acrylfarben lassen sich auf allen Oberflächen verarbeiten, die mit Acryl-, Alkyd- oder Zweikomponentenlack bzw. Haftgrund oder Spachtelmasse grundiert und anschließend mit feinstem Schmirgelpapier (600er bis 1200er Naßschleifpapier) ganz vorsichtig angeschliffen sind. Dabei ist es unerheblich, welches Material unter der jeweiligen Grundierung liegt, solange die Verträglichkeit der beteiligten Materialien untereinander gewährleistet ist. Spritzversuche, um die Verträglichkeit der Materialien zu testen und die Punkte herauszufinden, die in arbeitstechnischer Hinsicht kritisch

sind und deshalb besonderer Sorgfalt bedürfen, sind in Zweifelsfällen angeraten. Sie sollten zumindest immer dann durchgeführt werden, wenn neue, noch nicht hinlänglich vertraute Materialien ins Spiel kommen. Kritisch unter dem Gesichtspunkt der Verträglichkeit kann beispielsweise das Grundieren oder Lackieren eines Kunststoffs sein, ebenso ein abschließendes Versiegeln mit Klarlack.

## Versiegeln mit Klarlack

Damit sich die Designlackierung auf der Metallkarosserie in eine glänzende Lackierung verwandelt (siehe Abb. 4.14), wird sie zum Schluß mit Klarlack überzogen. Der sehr feine Farbauftrag der Airbrusharbeit bekommt durch das Überziehen mit Klarlack

gleichzeitig einen Schutz vor Beschädigungen. Somit sind die beiden Aufgaben, die einem Klarlacküberzug zufallen können, schon genannt: Zum einen wird die Festigkeit der darunterliegenden Farbschichten erhöht, zum anderen der Glanzgrad der fertigen Lackierung (glänzend, seidenmatt oder matt) bestimmt.

Diese Arbeitsweise, also das Überziehen von Airbrusharbeiten/Airbrushfarben mit Klarlacken, erweist sich nicht nur bei Motivlackierungen als vorteilhaft. Der im zweiten Kapitel zum Üben benutzte Ballon, das Rennboot im nächsten Kapitel, das Bahnhofsgebäude auf Seite 70 und die Lok in Abb. 5.28 zählen zu weiteren Beispielen für diese Vorgehensweise. Der Ballon und die Lok wurden mit seidenmattem, das Rennboot mit einem hochglänzenden, das Bahnhofsgebäude mit einem matten Lack überspritzt.

**4.14**
**Mit dem Klarlack bekam die Lackierung die gewünschte Brillanz**

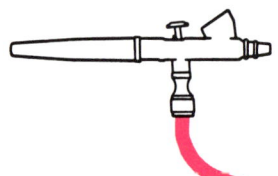

Bei kleinen Plastikmodellen (siehe Abb. 4.15), die nur in Teilen farblich gestaltet werden, läßt sich durch eine abschließende Lackierung mit Klarlack auch der „Plastikglanz" in der gewünschten Weise korrigieren.

Zu beachten ist beim Spritzen von Klarlack über Airbrusharbeiten/Airbrushfarben, nur, daß Lacke, die einen hohen Prozentsatz organi-

scher Lösungsmittel enthalten, die überspritzten Farbschichten eventuell anlösen können. Abb. 4.16 zeigt eine Karosserie, bei der der Klarlack die darunterliegenden Farben angelöst hat.

Besteht diese Gefahr, so ist zwischen die Airbrusharbeit und die Versiegelung eine Art Isolationsschicht zu legen, also eine Lackschicht, die die darunterliegenden Farben

nicht angreift und mit den folgenden keine Reaktion zeigt. Erfahrungen mit den unterschiedlichsten Lösungsmitteln, Verdünnern oder Reinigern, die z.B. unter den Bezeichnungen Universalverdünner, Nitroverdünner, Pinselreiniger, Testbenzin oder Terpentinersatz im Handel erhältlich sind, werden viele bereits in irgendeinem Zusammenhang gemacht

**4.15**
**Modellbausatz**
**1:700. Hier muß**
**hauchdünn und**
**äußerst sorgfältig**
**gespritzt werden**

WATER LINE SERIES

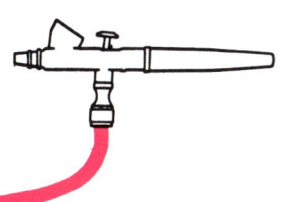

# Versiegeln mit Klarlack

haben. Wer hat nicht irgendwann einmal versucht, einen Pinsel mit der falschen Flüssigkeit zu säubern .... Eine solche „Wirkungslosigkeit" heißt es gezielt für das Anlegen einer „isolierenden" Lackschicht zu nutzen. Dabei ist zu bedenken, daß Farben und Lacke nach dem Auftragen, besonders aber nach dem Durchtrocknen, auf die jeweiligen Verdünner ganz anders reagieren können als in flüssigem Zustand. Dies gilt sowohl für den Verdünner, mit dem sie ursprünglich verarbeitet wurden, als auch für andere Verdünner.

Allen, die sich nicht intensiver mit den einzelnen Möglichkeiten verschiedener Materialkombinationen beschäftigen wollen, bleibt

hier ein recht einfacher zweiter Weg: Lacke, die wegen ihres Lösungsmittelanteils darunterliegende Schichten anlösen können, werden zuerst in „Airbrush-Manier" vorgespritzt. Airbrush-Manier besagt, daß aus mehreren einzelnen sehr fein und „trocken" gespritzten Lackaufträgen eine isolierende Lackschicht entsteht. Trocken bedeutet, daß das eben angelegte Spritzbild nicht naß glänzt und idealerweise bereits wischfest ist. Der auf der zu schützenden Farbschicht eintreffende Lösungsmittelanteil ist bei dieser Vorgehensweise also so gering, daß die Farbe nicht mehr angegriffen wird, sich somit aber auch keine makellose Hochglanzoberfläche bildet.

Hochglanz erzielt man dann beim sachgerechten Lackieren mit den nachfolgenden Klarlackschichten, die sich problemlos über die durchgetrocknete Isolationsschicht legen lassen. Dabei wird die mehr oder minder matte Schutzschicht unsichtbar und bettet so die überspritzten Farben mit der gewünschten Brillanz in die Gesamtlackierung ein.

**4.16**
**So sieht es aus, wenn eine Lackierung nochmals mit Klarlack überzogen und von diesem angelöst wird**

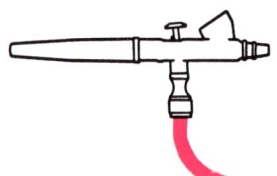
# „Wind- und wasserfeste" Lackierungen

Das Vertrautmachen mit den Grundlagen der Spritztechnik im Modellbau war Ziel der vorangegangenen Kapitel. Die nun folgenden Abschnitte führen in spezielle Aufgabenstellungen ein. Dazu zählen Arbeiten, die nur mit ganz bestimmten (Spezial-)Farben auszuführen sind oder auch eine besondere Spritzweise zum Erzielen eines ganz bestimmten Effekts verlangen. Die Lackierungen der folgenden Modelle haben eines gemeinsam: Sie sind alle wasserfest und recht widerstandsfähig. Sie erfüllen damit eine Grundvoraussetzung für einen Betrieb im Freien bzw. bei den Booten im Wasser. Darüber hinaus sind die hier vorgestellten Modelle jedoch wieder „nur" Beispiele; die vorgestellten Arbeitsmodelle sind häufig für andere Modellarten genauso gut nutzbar. Anhand von drei Themen läßt sich dies schnell verdeutlichen. Das Thema „Effektlackierungen" wird nachher mit dem Rennboot ausführlich besprochen – aktuell ist es schon auf den vorangegangenen Seiten beim Lackieren der Metallkarosserie. Die Möglichkeit, durch eine bestimmte Spritzweise eine Oberflächenprä-

gung zu betonen, wird für den Kühler der Lok auf Seite 68 gezielt genutzt. Es ist klar, daß man eine solche Vorgehensweise eigentlich auf fast alle Modellbauthemen übertragen kann. Das gilt auch für das dritte Beispiel, denn es muß sich nicht – wie im folgenden – um einen flugfähigen Doppeldecker drehen, wenn für die Planung einer Lackierung zuerst ein Entwurfsbogen hergestellt wird.

## Anfertigen eines Entwurfsbogens

Die Grafik in Abb. 5.1 ist der – verkleinert abgebildete – Bauplan, der in drei Entwurfsbögen für den „Zaunkönig" „verwandelt" wurde. Diese Verwandlung läßt sich in wenigen Schritten vollziehen. Als erstes sind Fotokopien zu machen, und zwar je nach Größe des Originalplans als Ausschnitte in verkleinertem Maßstab. Die Einzelkopien werden aneinander geklebt und ggf. erneut über den Fotokopierer verkleinert. Dieser Vorgang wiederholt sich, bis aus den Fotokopien eine

Grafik im Format DIN A3 entstanden ist. Da wir auf unserem Entwurfsbogen (siehe Abb. 5.2) nur die Umrisse benötigen, verschwinden alle jetzt überflüssigen Linien unter Deckweiß (weiße Deckfarbe für den Schulbedarf oder ähnliches) und zwar bereits auf den noch nicht zusammengeklebten Einzelbögen, da das Deckweiß auf dem eigentlichen Entwurfsbogen natürlich stören würde.

Etwas anders wurde vorgegangen, um die Entwurfsbögen in Abb. 5.3 zu erhalten. Der Vorteil dieser Bögen ist, daß sie den Doppeldecker mit angesetzten Tragflächen zeigen, der Entwurf dem fertigen Modell also noch näher kommt. Auch hier wurde der große Bauplan zuerst mit Hilfe eines Fotokopierers verkleinert. Nach dem Zusammenfügen der einzelnen Kopien kommen diese dann entweder auf einen Leuchttisch oder einfach an die Fensterscheibe, wo sie mit Tesafilm/Klebeband fixiert werden. Die benötigten Umrißlinien lassen sich nun auf ein darübergelegtes, neues Blatt Papier durchpausen, und zwar beginnend mit der oberen Tragfläche. Der Bogen mit

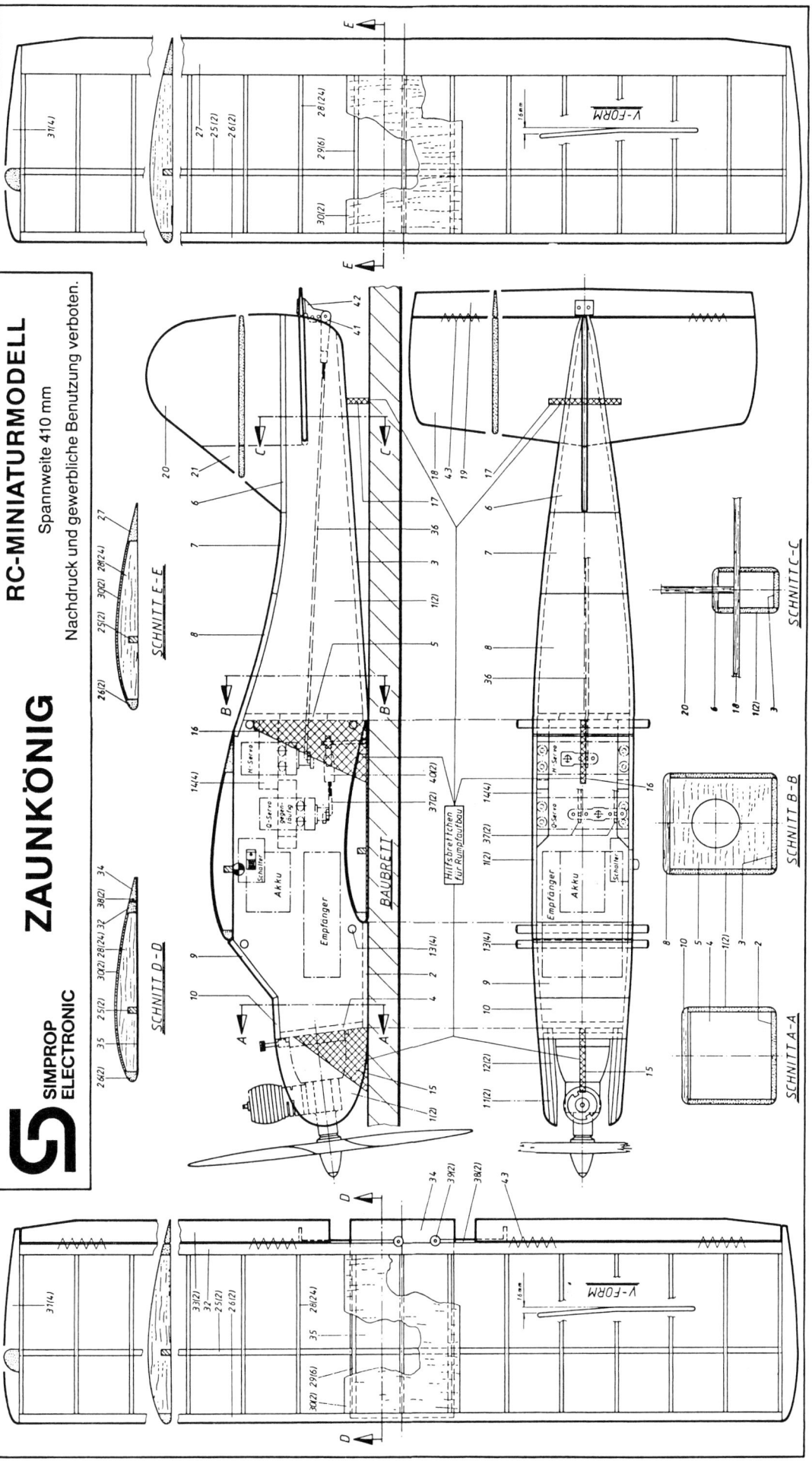

5.1
Originalbauplan
(verkleinert abge-
bildet)

49

**5.2**
Ein Entwurfsbogen,
der unmittelbar
aus dem Bauplan
entstand

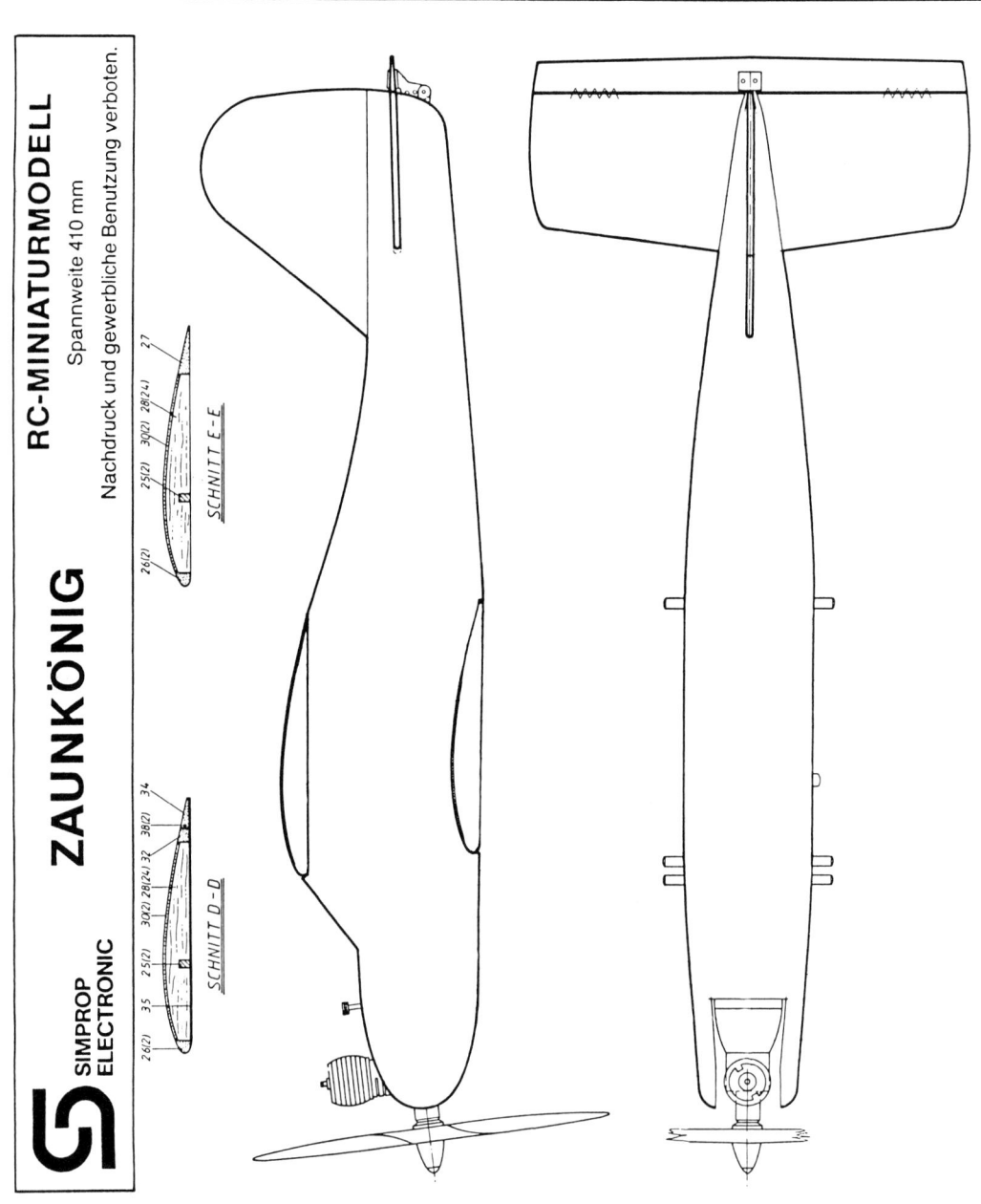

ZAUNKÖNIG

RC-MINIATURMODELL

Spannweite 410 mm

Nachdruck und gewerbliche Benutzung verboten.

SIMPROP
ELECTRONIC

SCHNITT E-E

SCHNITT D-D

**5.3**
Zwei durchge-
zeichnete (durch-
gepauste) Ent-
wurfsbögen, die
das Modell in Auf-
und Untersicht
sowie den Rumpf
von beiden Seiten
zeigen

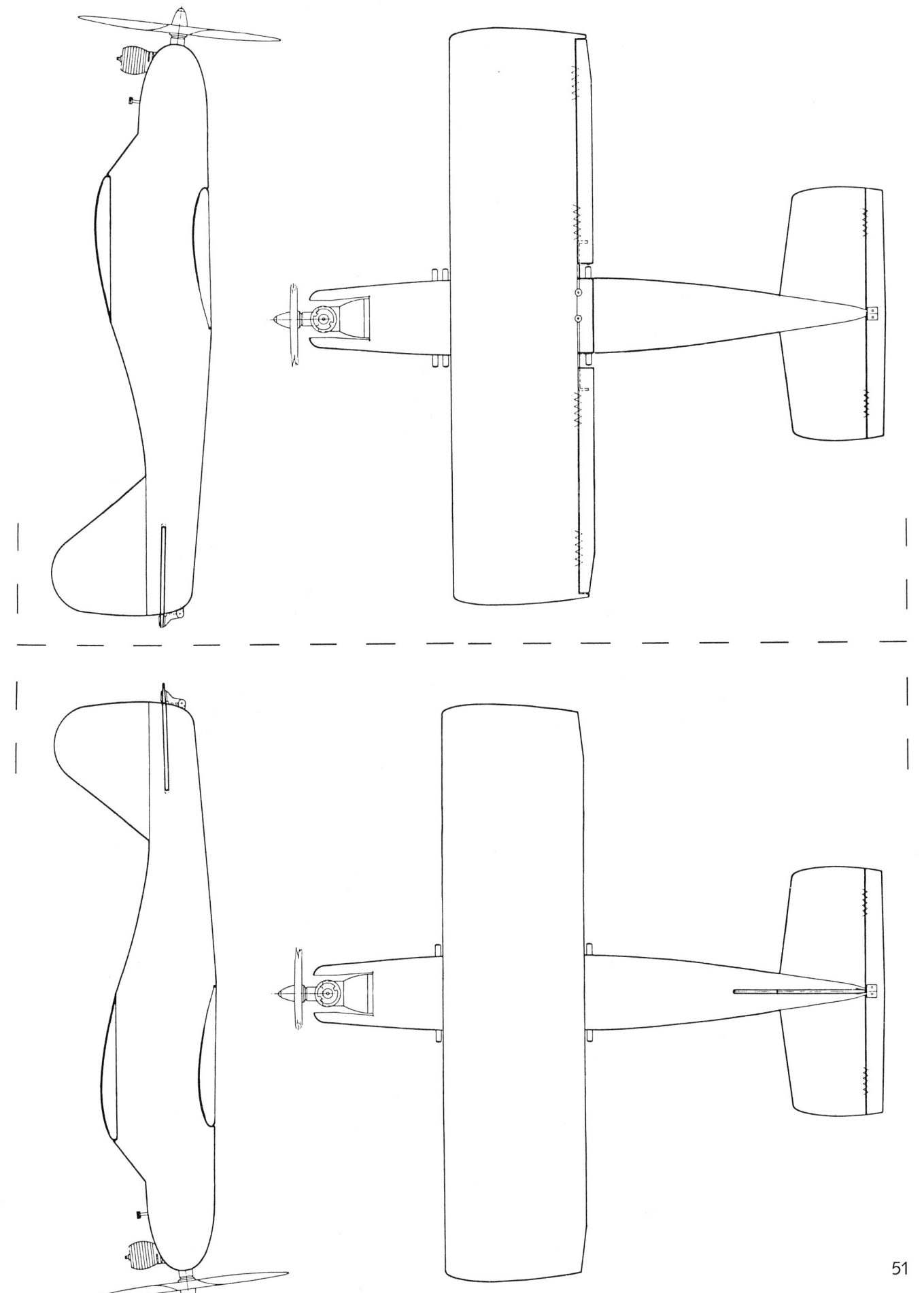

51

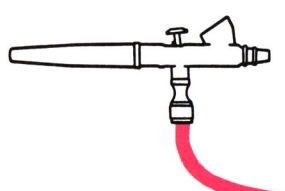

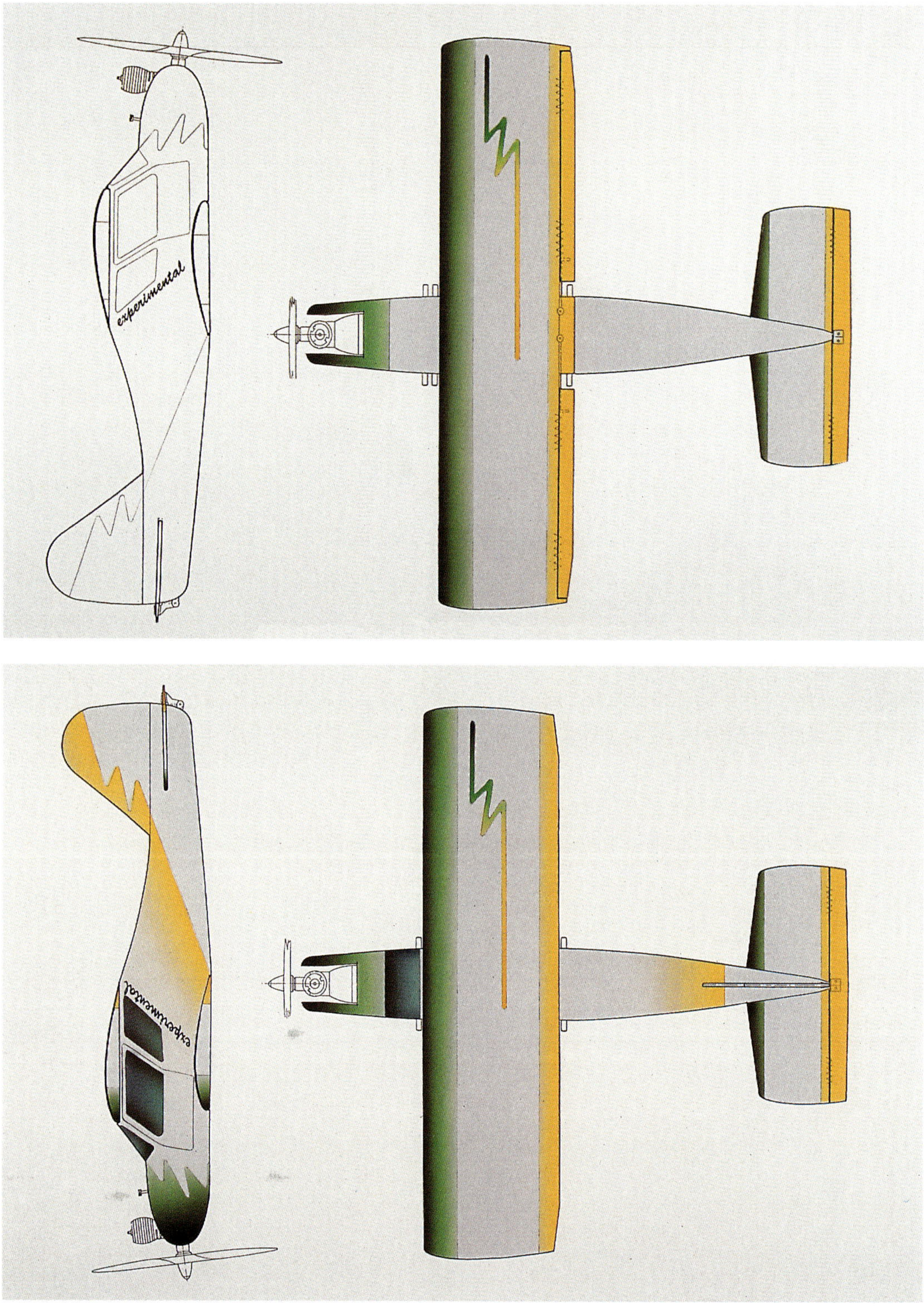

**5.4**
**Entwurf für die folgende Lackie-rung (Entwurfs-arbeit: vgl. den Truckentwurf im Kapitel „Erste Übungen mit dem Airbrush")**

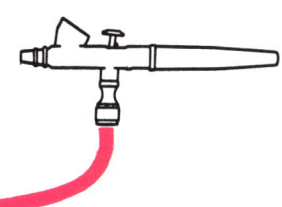

# Bespannung und Spannlack

der fertig gezeichneten Tragfläche wird anschließend über die Rumpfaufsicht/-untersicht geschoben und diese maßgenau eingefügt. Für den zweiten Bogen ist die untere Tragfläche an der Reihe, das Durchzeichnen des Seitenleitwerks unterbleibt bei der Untersicht selbstverständlich. Um eine Rumpfansicht nicht nur von links, sondern auch von rechts zu erhalten, können die Fotokopien einfach umgedreht und von der „falschen" Seite durchgepaust werden. Diese zweite Rumpfansicht ist z.B. dann erforderlich, wenn bestimmte Motiventwürfe auf der Gegenseite zugleich seitenverkehrt geplant sind. Achtung: Für die

eigentlichen Entwürfe sollten natürlich nur Fotokopien der so entstandenen Entwurfsbögen verwendet werden. Läßt sich eine Idee nicht wie gedacht umsetzen, dann kann es auf der nächsten Kopie gleich mit einem neuen Versuch losgehen. Abb. 5.4 zeigt den Entwurf für die gleich näher erläuterte Lackierung des Doppeldeckers.

## Bespannung und Spannlack

Zu den Besonderheiten des Flugzeugmodellbaus gehören die Bespannmaterialien. Zum einen sind dies unterschiedliche Bespannfolien, auch

Bügelfolien genannt (hauptsächlich Polyesterfolien), zum anderen Bespannpapiere. Die unter Hitzeeinwirkung selbstklebenden Bespannfolien werden mit Hilfe eines Bügeleisens und evtl. eines Föns aufgezogen. Sie sind in vielen Farben erhältlich, wasserabweisend und kraftstoffbeständig. Mehrfarbige Designs entstehen durch das kombinierte Aufkleben von Dekorfolien und einfarbigen Flächenteilen. Farben und damit der Airbrush werden bei Bespannfolien nur benötigt, wenn Motive mit Farbverläufen und Halbtönen das Modell zieren sollen oder der Farbton der Bespannung einfach so nicht mehr gefällt.

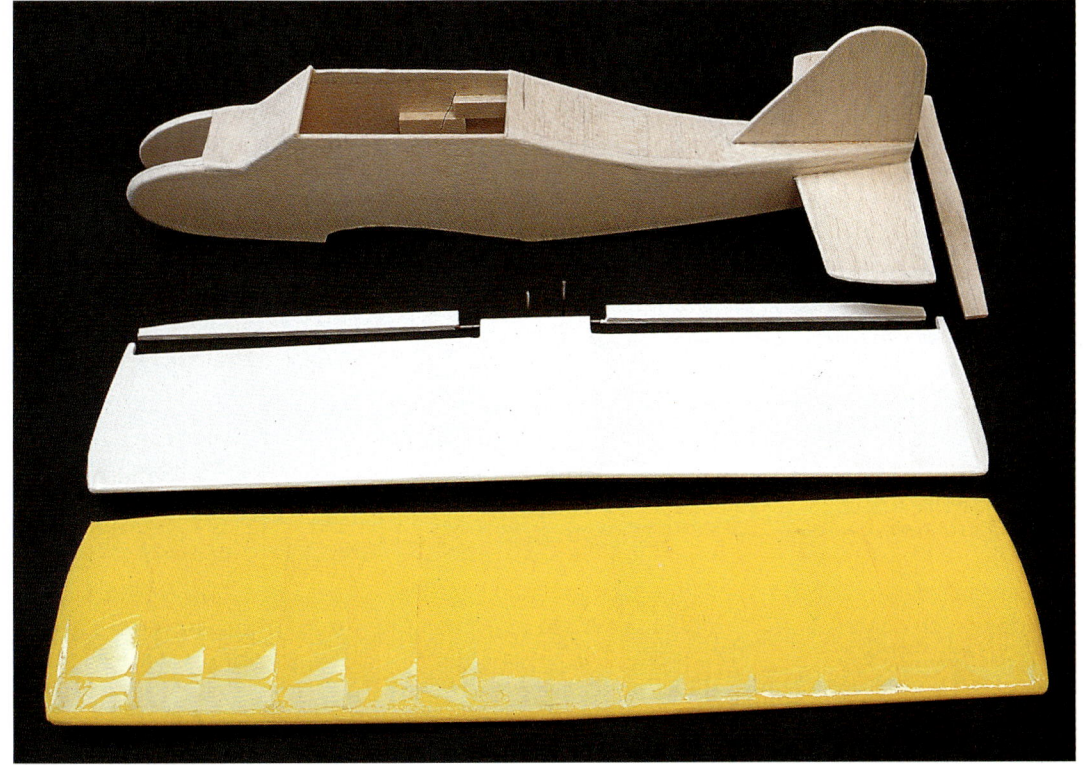

**5.5**
**Das unlackierte Modell. Mit geeigneten Farben lassen sich sowohl bunte als auch weiße Bespannfolien und Bespannpapiere (auf dem Rumpf) gestalten**

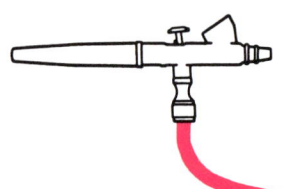

# Wind- und wasserfeste Lackierungen

**5.6
Das silbern
lackierte Modell**

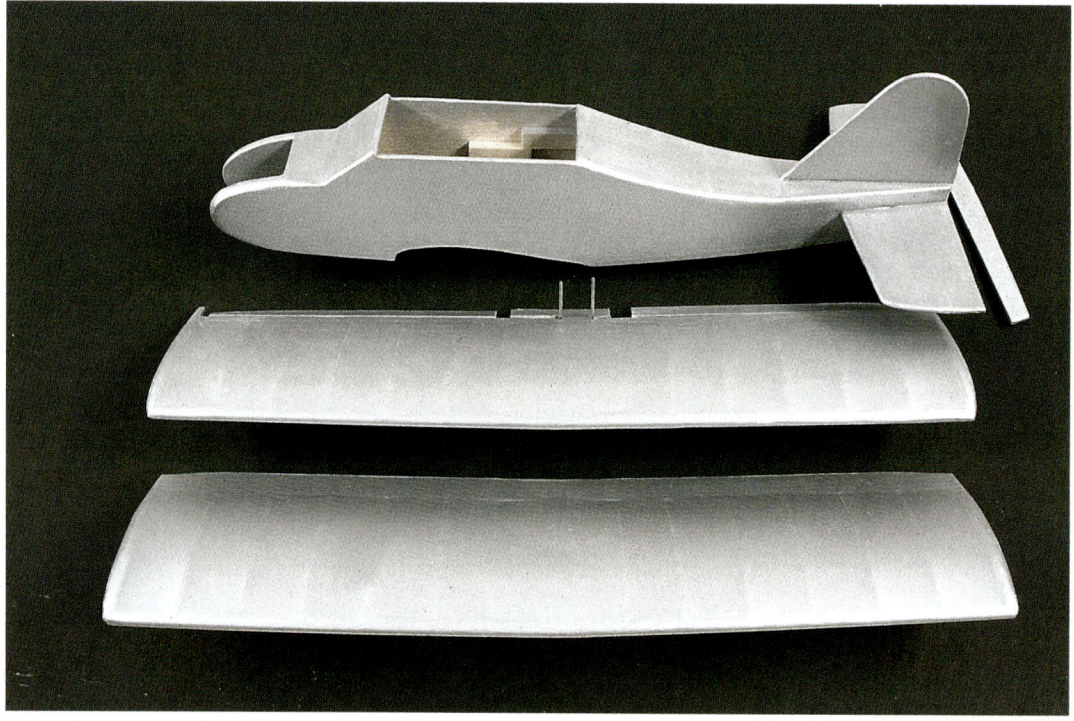

Etwas anders ist es bei den Bespannpapieren. Diese werden mit wassergelöstem Cellulose-Klebstoff aufgezogen und sind erst einmal hell durchscheinend (siehe den Rumpf auf Abb. 5.5). Mit Hilfe von Spannlacken, die es klar und in unterschiedlichen Farbtönen gibt, erhält die bespannte Oberfläche nach dem Aufziehen ihre Festigkeit und ihren Oberflächenglanz. Der hier verwendete Spannlack und der dazugehörige Verdünner sind gemäß „Verordnung brennbarer Flüssigkeit" „VbF: A 1" gekennzeichnet. Eine solche Kennzeichnung bedeutet, daß diese Produkte sehr leicht entflammbar (Flammpunkt unter 21° C) und schon deshalb nur mit allergrößter Vorsicht

zu spritzen sind. Soweit eine Gefährdung des Ausführenden und seiner Umgebung nicht völlig auszuschließen ist (nicht nur bei großen Spannweiten kann dies möglich sein), sollte ein solcher Spannlack also lieber mit einem weichen Pinsel in mehreren, sehr dünnen Schichten aufgetragen werden. Nach dem Durchtrocknen wird die Oberfläche dann mit feinstem Schleifpapier angeschliffen; Pinselspuren – soweit entstanden – verschwinden dabei. Der Spannlack ist hier also eine Art farbige Grundierung, über die zur weiteren farblichen Gestaltung der Papierbespannung nun weniger problematische Farben gespritzt werden können.

Mit sehr feinem Schmirgelpapier äußerst vorsichtig aufzurauhen sind zugleich die Bügelfolien, wenn sie mit dem Airbrush farblich gestaltet bzw. verändert werden sollen. Wie auf der Abb. 5.6 zu sehen, wurden auch die beiden Tragflächen erst einmal einfarbig „grundiert". Versuche, welche Farbsorten sich dafür gut eignen, d.h. gut haften und in sehr dünnen Schichten gut decken, lassen sich auf folienbespannten Teststücken machen (vgl. Abb. 3.9). Auf papierbespannten Teststücken wird gleiches für die Spannlackgrundierung ausprobiert. Sobald zufriedenstellende Ergebnisse erzielt sind, kann in beiden Fällen das weitere Überspritzen geplant werden.

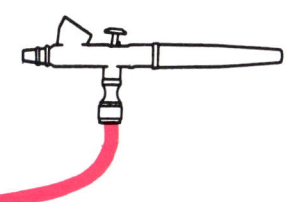

# Kraftstoff-beständige Lackierungen

Der vorhin verwendete Spannlack ist gleich den Bespannfolien kraftstoffresistent. Wichtig ist dies für alle Modelle, die mit Verbrennungsmotoren angetrieben werden. Ein Modell, dessen Lackierung Kraftstoffe bzw. Kraftstoffdämpfe stellenweise angelöst haben, ist sehr sorgfältig zu reinigen und anzuschleifen, bevor es wieder vernünftig lackiert werden kann.

Wenn nicht eindeutig ist, ob Farben kraftstoffbeständig sind, müssen die eben benutzten Probestücke zum Abschluß nochmals für Tests herhalten. Mehrere Tropfen Kraftstoff, von denen einige möglichst lange auf der geprüften Farbe bleiben, geben nach dem Abwischen Aufschluß darüber, ob die zum Spritzen verwendeten Farben abschließend noch mit einem kraftstoffresistenten Klarlack geschützt werden müssen.

Die weitere Umsetzung des auf der Abb. 5.4 gezeigten Entwurfs erfolgte auf dem Modell wie auf dem Entwurfsbogen als Airbrusharbeit (siehe Abb. 5.7). Alles, was dabei wichtig ist, kam bereits in den Abschnitten „Airbrusharbeiten", „Wasserverdünnbare und lösungsmittelhaltige Farben" und „Versiegeln mit Klarlack" zur Sprache (im vorangegangenen Kapitel ab Seite 42. Nachzutragen ist nur noch, daß der Klarlacküberzug natürlich auch spritfest sein muß.

**5.7
Die Airbrusharbeit
auf dem Flugzeug
ist fertig**

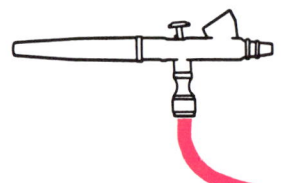

# Effekt- lackierungen

Durch den Klarlack zeigen sich auf den Cockpitfenstern je nach Lichteinfall zusätzliche Reflexionen, die die Wirkung der dort verwendeten Effekt- farben noch verstärken kön- nen. Mit Hilfe dieser Effektfar- ben, die sich wie herkömmli- che Airbrushfarben verarbei- ten lassen und mit diesen auch unmittelbar mischbar sind, entstehen interessante Farbspiele und ausgefallene Metallictöne. Einen ersten

Eindruck von der Vielzahl der Möglichkeiten, die sich mit den hier eingesetzten Spezial- farben eröffnen, liefert ein Probestück. Dieses Probestück diente als Basis für die nach- folgend gezeigte Rennboot- lackierung.

Unterschiedliche Mischun- gen und Kombinationen wur- den auf der Testplatte aus- probiert, deren Oberfläche wie auch das Rennboot erst einmal dunkelrot lackiert worden war. Die Abb. 5.8 und 5.9 zeigen dieses Probe- stück unterschiedlich gekippt, so daß das Licht in veränder-

tem Winkel auf ein und die- selbe Testplatte trifft und reflektiert wird. Zum Einschät- zen der Plattenneigung bzw. des Blickwinkels achte man auf die Farbflaschen, die jeweils unter und neben dem Probestück stehen.

Zu den von Metallic-Lackie- rungen her bereits bekannten Effekten kommt hier ein wei- terer, der durch sog. Perl- glanz-Pigmente hervorgerufen wird: Die Eigenfarbe von Spritzbildern scheint sich mit dem Winkel des Lichteinfalls zu verändern. Die Art dieser Veränderung und die jewei-

**5.8**
**Auf dieser mit Lack vorbereiteten Testplatte wurden verschiedene Kom- binationen von Airbrush-, Metallic- und Perl Metallic- bzw. Iriodin- Farben ausprobiert**

# Effektlackierungen

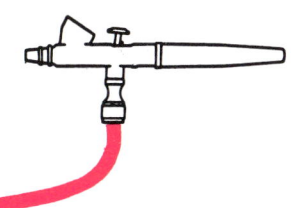

lige Farbstärke hängt zum einen von der Farbe des Untergrunds ab, zum anderen davon, welchen Grundton die betreffende Perlglanz-Farbe hat und ob sie eher lasierend oder eher deckend aufgebracht wurde.

Auf weißem Untergrund erscheinen Perlglanz-Farben, die auch als „Perl Metallic"- bzw. „Iriodin"-Farben bezeichnet werden, zum Beispiel je nach Lichteinfall entweder als Altweiß oder als der zu ihnen gehörende Farbton. Ist der Untergrund farbig, so kann sich der mögliche Farbein-

druck, abhängig vom Spritzbild und dem Lichteinfall, vom Ton des Untergrunds bis hin zum jeweiligen Perlglanzton, z.B. Gelb, Rot, Blau, Lila usw., fließend verändern. Wie groß der Freiraum für kreative Farbspiele wirklich ist, kann man sich vorstellen, wenn man bedenkt, daß sich die einzelnen Perlglanz-Farben zunächst untereinander und darüber hinaus auch mit „normalen" Airbrushfarben mischen lassen. Diese Mischfarben können in immer neuen Varianten übereinander gelegt werden.

Es muß im Zusammenhang mit den Abbildungen der Testplatte aber angemerkt werden, daß sie die Tonwerte der angelegten Spritzbilder nur unzureichend wiedergeben, und zwar auf Grund der enormen Kontraste, die eine vollständige fotografische Reproduktion gar nicht zulassen.

Das Rennboot, dessen Effektlackierung auf den Erfahrungen mit diesem Probestück basiert, wurde angeschliffen, sorgfältig gereinigt und mit einer weinroten Lakkierung versehen (das Ausse-

**5.9**
**Obwohl dieses Foto die gleiche Testplatte wie die vorangegangene Aufnahme zeigt, ist der Farbeindruck durch die Effektmedien und den wechselnden Lichteinfall auffällig anders**

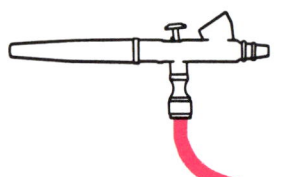

**5.10**
Im Sonnenlicht kommt die Metallic-„Lasur" auf der Haube besonders gut zur Geltung

**5.11**
Je nach Lichteinfallswinkel bestimmt der Basiston . . .

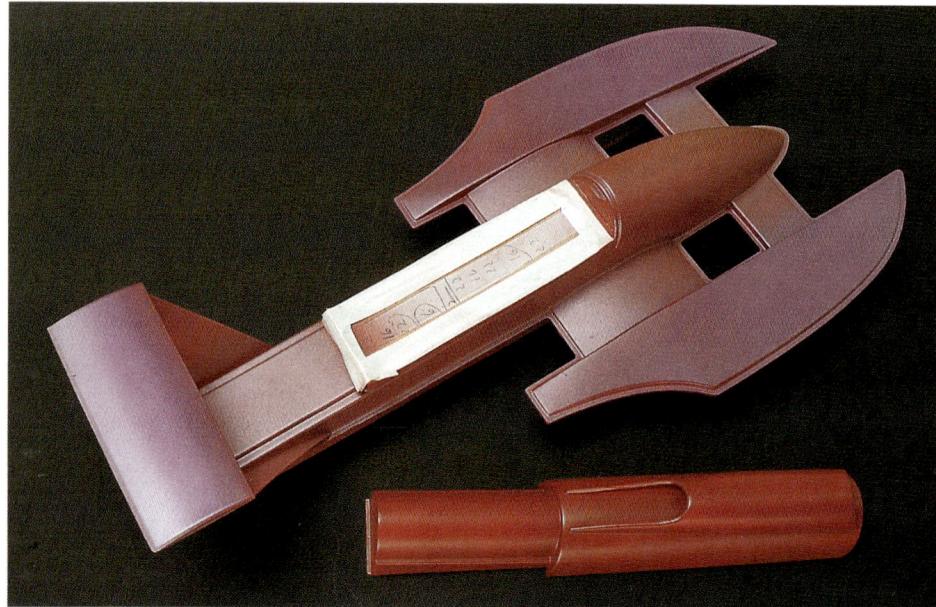

hen des Modells vor dem Lackieren zeigt das Foto 3.6 auf Seite 29). Bevor die Arbeit mit den auf der Testplatte ausgewählten Farben und Kombinationen weiter ging, wurde die Lackierung mit 1200er Naßschleifpapier angerauht.

Als erstes folgte auf der Modelloberseite eine fein gesprenkelte Metallic-„Lasur". Wenn dieser rasterartige Farbauftrag später einen Klarlacküberzug erhält, entsteht die Wirkung einer Metallic-Lackierung. Die Nahaufnahme in Abb. 5.10 zeigt diesen Effekt bei schräg einfallendem Licht auf der Motorhaube des Rennboots. Durch das Verwenden unterschiedlicher Metallic-Farben (Silber, Kupfer, Gold usw.) und ein mögliches Überspritzen der feinen Raster mit transparenten Airbrushfarben läßt sich jede nur denkbare Metallic-Lackierung auf einem Modell nachstellen. Über Teile der begonnenen Metallic-Lackierung wird anschließend frei, also ohne Maskierung, „Perl-Metallic"-Lila gespritzt. Einige Partien erhielten dabei durch häufiges Überspritzen einen fast deckenden Farbauftrag. Wie dies bei wechselndem Lichteinfall aussieht, zeigen die Abb. 5.11 und 5.12.

Auf Abb. 5.13 ist die Cockpitscheibe fertiggestellt. Begrenzt wurde die Scheibendarstellung nach außen mit Abdeckband, nur im Bereich der sehr spitz zulaufenden

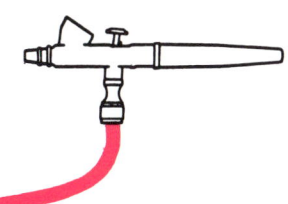

# Aufkleber und Zierlinien

Abschlüsse vorn und oben wurde Maskierfilm benutzt. Dies ist auf der Abb. 2.16 Seite 23 gut zu erkennen. Beim ersten Spritzen enthielt die silberne Metallic-Farbe etwas Weiß, um schnell die notwendige Deckung für einen hochbrillanten silbernen Farbauftrag zu geben. Nach dem Entfernen der Maskenteile wurde die vordere Verkleidung über die Scheibe hinweg überspritzt, und zwar größtenteils mit einem frei gesprenkelten Metallic-Kupfer. Die Motorabdeckung bekam zudem ihren Metallic-Überzug; ebenfalls mit Airbrushfarbe entstanden die schwarz lackierten Teile wie auch die graue Schattierung davor.

## Aufkleber und Zierlinien

Auf den Abb. 5.13 und 5.14 sind Aufkleber zu sehen. Entscheidend für eine gute Haftung von Zierlinien aus Klebeband und Aufklebern aus selbstklebender Folie ist, daß der saubere Untergrund absolut plan sein muß, also beim fachgerechten Aufziehen keinerlei Lufteinschlüsse, und seien sie noch so klein, möglich sind. Die hier gespritzten Effektfarben bilden leicht eine etwas rauhe Oberfläche. Dies kann zu Haftungsproblemen und zur Bläschenbildung führen. Allerfeinste Lufteinschlüsse durch

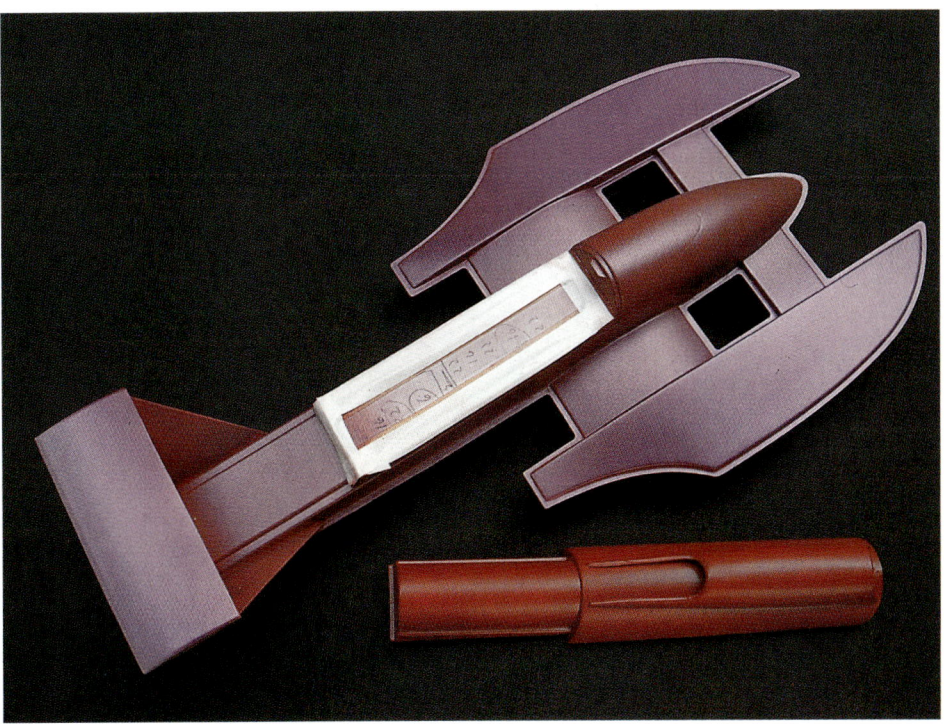

**5.12**
. . . oder der „Perl Metallic"-Ton den Farbeindruck

**5.13**
Die einzelnen Airbrusharbeiten sind fertiggestellt und die Aufkleber angebracht

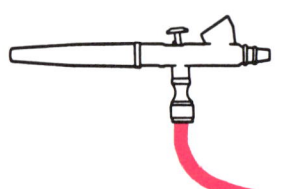

**5.14**
**Das Bootsheck vor dem abschließenden Lackieren mit Klarlack**

eine körnige Oberfläche erzeugen bei teilweise transparenten Aufklebern darüberhinaus grau-weiße Schleier, so daß das Aufkleben nach dem Überziehen mit Klarlack sicherlich besser aussieht. Anschließend werden die Aufkleber noch mit einem weiteren Klarlackfilm in die Lackierung eingeschlossen.

Nach dem Durchtrocknen des Klarlacks werden die sich abzeichnenden Kanten des Aufklebers abgeschliffen und das Ganze zur Wiederherstellung des Oberflächenglanzes erneut mit Klarlack überspritzt (dieser Vorgang muß eventuell mehrmals wiederholt werden).

Irgendwann stellt sich bei einem Rennboot wie bei einem Flugzeug natürlich die Frage nach der Gewichtszunahme durch Farbe. Obwohl sorgfältig gespritzte Farbauf-

träge in der Regel dünner und damit leichter sind als ein Pinselauftrag, ist dabei zumindest zu überlegen, ob eine derart perfekte, vielschichtige Einarbeitung von Aufklebern nicht zu Lasten anderer Eigenschaften geht bzw. aus anderen Gründen (wie etwa dem Beschädigungsrisiko) überhaupt sinnvoll ist. Das aus diesen Überlegungen heraus mit nur einer Klarlackschicht fertiggestellte Rennboot zeigt Abb. 5.15.

Ähnliches wie für Motivaufkleber gilt für Aufkleber in Form von Zierlinien und Dekorstreifen. Diese gibt es in unterschiedlichen Breiten, aber nur einer sehr begrenzten Farbauswahl fertig zu kaufen. Sollen auf einem Modell derartige Zierlinien farblich mit gespritzten Flächen übereinstimmen, so ist am besten vom Farbton des

gewählten Dekorstreifens auszugehen. Wer jedoch keine Lust hat, sich wegen des begrenzten Farbtonangebots einzuschränken, kann probieren, inwieweit sich diese Dekorstreifen auch als Abdeckband verwenden lassen. Wie dies vor sich geht, zeigt das Beispiel der Diesellokomotive auf Seite 79. Auch auf dem Rumpf der Barkasse, deren Bauplan in Abb. 5.16 wiedergegeben ist, läßt sich ein etwa 3 mm breites Dekorband zwischen den Unterwasseranstrich und die Zierlinie legen. Soll die Zierlinie dieselbe Farbe wie das Unterwasserschiff erhalten, so können dann beide zugleich gespritzt werden; werden unterschiedliche Farbtöne gewünscht, sorgt das Dekorband für einen exakt gleichbleibenden Abstand zwischen beiden.

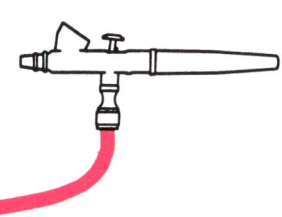

5.15
Das fertig lackierte
Rennboot

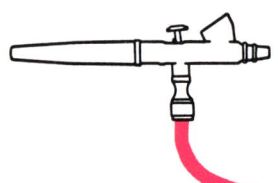

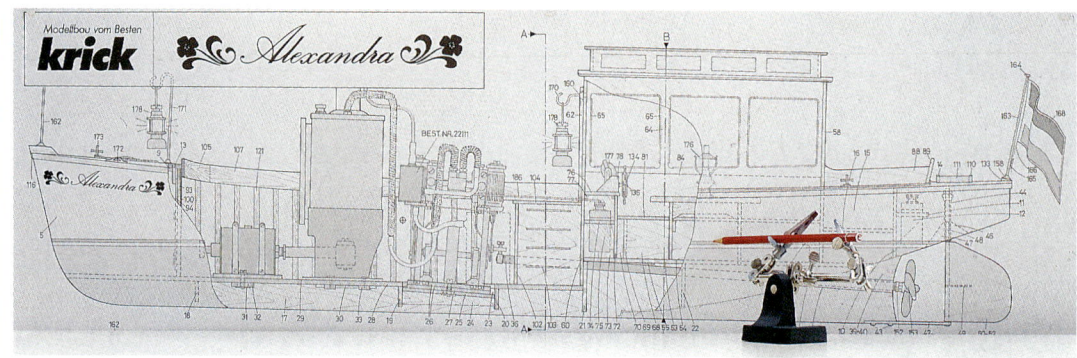

**5.16**
Mit dem Farbstift auf der Halterung, der hier auf die Zierlinie über dem Unterwasseranstrich deutet, läßt sich so auch auf dem Rumpf vorzeichnen

# Lexan-Karosserien

Beliebt sind Aufkleber und Dekorstreifen natürlich auch bei RC-Automodellen. Besteht die Karosserie aus einem Werkstoff, der wie das Rennboot bearbeitet werden kann (ABS, Styrene/Polystyrol), gilt das vorher gesagte. Ein sehr großer Teil der angebotenen Karosserien besteht jedoch aus durchsichtigem Polykarbonat. Dieser Werkstoff ist bei Modellbauern besser unter dem Markennamen „Lexan" („Makrolen") bekannt. Solche Karosserien sind glasklar und können deshalb in einer Art „Hinterglasmalerei" lackiert werden. Das hat den Vorteil, daß eine Lackierung von außen auch dann perfekt aussieht, wenn sie von innen ziemlich grob mit dem Pinsel aufgetragen wurde. Am Auto in Abb. 5.17 läßt sich dies gut zeigen. Wird der Wagen von unten im Gegenlicht betrachtet (siehe Abb. 5.18), so sind die stärker deckenden Pinsel- und Laufspuren deutlich zu sehen.

Wurde auf der Innenseite einer klaren Karosserie eine Lackierung gespritzt, ist der Farbauftrag natürlich sehr gut gegen Beschädigungen von außen geschützt. Bei der Planung besonderer Effekt- und Motivlackierungen muß selbstverständlich daran gedacht werden, daß hier in der Technik der Hinterglasmalerei vorzugehen ist, also die Reihenfolge der Farbaufträge umgekehrt ist. (Wer damit noch keine Erfahrung hat, sollte das gewünschte Spritzbild vielleicht erst auf einer billigen Plexiglasscheibe

**5.17**
Eine „durchsichtige" Karosserie („Lexan") von außen . . .

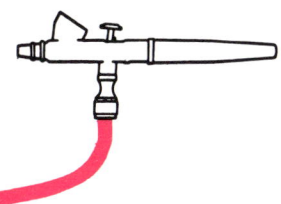

# Lexan-Karosserien

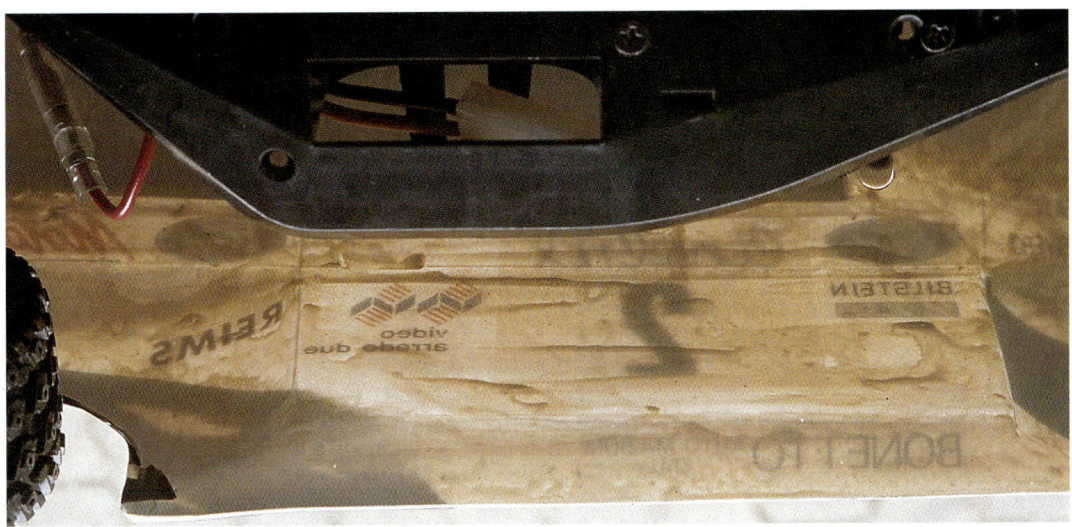

**5.18**
. . . und von unten
gegen das Licht
betrachtet

oder ähnlichem ausprobie-
ren.) Vor dem Spritzen wird
die Lexan-Karosserie mit feinstem Naßschleifpapier angeschliffen, die integrierten Fen-
sterscheiben werden sauber
abgeklebt.

Zur Verzierung durchsichti-
ger Renn- und Sportwagen-
karosserien gibt es Abziehbilder und Dekorstreifen, die
unter die Klarsichtkarosserie
zu kleben und damit eben-
falls vor Beschädigungen von

außen geschützt sind. Werden solche Abziehbilder und
Dekorstreifen verwendet, ent-
fällt hier auch das beim
Rennboot erörterte Problem
des Einbindens in die Lackierung. Trotzdem sind häufig

**5.19**
Beschriftung,
Signets und Zier-
streifen werden
meist von außen
angebracht

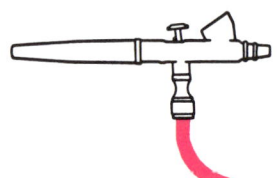

außen angebrachte Aufkleber zu sehen – vgl. die Modelle in Abb. 5.17 und 5.19 – und das mag unter anderem daran liegen, daß Abziehbilder beim Übermalen anlösen können (mehr zum Thema Abziehbilder und Aufreiber auf Seite 79).

## Vorbilder

Aufkleber, Schiebebilder und Anreiber sind sehr wichtige Elemente, wenn ein Modell so vorbildgetreu wie möglich gestaltet werden soll. Dabei geht es nicht allein um Werbeaufkleber, sondern um Namenszüge (z.B. auf Schiffen), offizielle Kennzeichnungen (z.B. auf Flugzeugen und Eisenbahnen) und Kennzeichen (z.B. für Kraftfahrzeuge). Nummernschilder, Schriftzüge und Symbole kommen in der einen oder anderen Form auf allen in diesem Buch dargestellten Modellen vor. Soll aus einer (Groß-)Serie heraus ein ganz bestimmtes Exemplar nachgebildet werden, so sind es in der Regel Dinge wie eben die Beschriftung und die Lackierung, die Vorbild und Modell unverwechselbar machen. Eine möglichst genaue Kopie des Originals kann also nur dann gelingen, wenn Beschriftung und Lackierung tatsächlich auf beiden gleich wirken.

Im Abschnitt „Lackieren" (Seite 39) kam das Nachstellen von Autolacken schon zur Sprache, und zwar im Zusammenhang mit dem Mischbogen (siehe Abb. 4.7 und 4.8). Wenn nicht in Erfahrung gebracht werden kann, welche Lacke mit welcher Farbtonbezeichnung oder Nummer die Lackierung des Vorbilds ergeben, ist das persönliche In-Augenschein-Nehmen des Originals mit einer guten Farbkarte zur Farbtonabstimmung sicherlich der beste Weg. Farbfotos und farbige Abbildungen sind meist eine unverzichtbare Hilfe für den Modellbauer, jedoch sollten sie nur dann als Vorlage für eine Lackierung dienen, wenn nichts anderes zur Verfügung steht. Das nachfolgende Beispiel zeigt, wie stark

**5.20**
**Aus einem solchen Second-hand-Modell läßt sich viel machen**

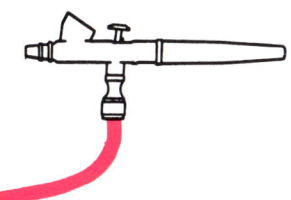

# Vorbilder

die Farbtonabweichungen im Einzelfall sein können.

Ein nicht mehr ganz vollständiges und beschädigtes Eisenbahn-Großserienmodell der Baugröße G/II m wurde gebraucht gekauft (siehe Abb. 5.20). Im Katalog des Herstellers befanden sich bei der Modellbeschreibung ein Textbeitrag und zwei Fotos, die auf die Kleinlokomotiven der meterspurigen Inselbahn Wangerooge verwiesen. Die Bilder zeigten zwei Loks jeweils von einer Seite; ihr Anstrich unterschied sich schon durch die bei den Aufnahmen herrschenden Lichtverhältnisse deutlich. Wie groß solche Unterschiede bereits von Foto zu Foto bei ein und derselben Lackierung

sein können, belegen eigene Aufnahmen neueren Datums (Abb. 5.21 und 5.22). Um das Modell möglichst vorbildgetreu gestalten zu können, entstand eine umfangreiche Fotoserie, die das Äußere der Lok von allen Seiten – auch mit Detailaufnahmen – festhielt. Farbton und Glanzgrad einzelner Bauteile wurden dabei mit Hilfe von Farbfächern/Farbkarten ermittelt. Eisenbahn-Fahrzeuge sind in der Regel mit standardisierten Farben lackiert; es galt zu überprüfen, ob dies auch hier der Fall war und ob sich der Lack möglicherweise schon verändert hatte.

(Je nach Einsatzort und -art kann dies sehr schnell der Fall sein – vgl. hierzu den

**5.21**
Das Original auf der Inselbahn Wangerooge

**5.22**
Auch aus der Perspektive, aus der der Modellbahner seine Loks meistens sieht, sollte das Vorbild genau betrachtet werden

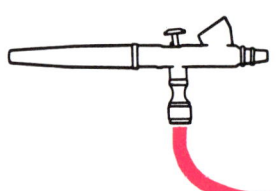

**5.23**
**Das Führerhaus
nach dem Abneh-
men des Dachs
und dem Heraus-
nehmen des Schei-
beneinsatzes.
Bevor die Bauteile
bearbeitet werden,
wird das Modell
vollständig zerlegt**

**5.24**
**Die unterschiedlich
eingefärbten
Kunststoffe, aus
denen die Lok sich
zusammensetzt,
vor dem Grundie-
ren**

Abschnitt „Altern, Patinieren"
auf Seite 82).

Die Lackierung des Modells
erfolgte in den auch von der
Deutschen Bundesbahn ver-
wendeten Farbtönen Rubin-
rot RAL 3004 und Feuerrot
RAL 3000 (für die Triebstan-
gen) sowie Grau RAL 7001
(für das Innere des Führer-
hauses). Die Buchstaben RAL
kennzeichnen hier genormte
Farbtöne, die unabhängig von
Farbsorten und Herstellern
übereinstimmen sollen. Eine
Anzahl RAL-Töne gibt es
auch in den Farbsortimenten
für den Modellbau.

Vor dem Lackieren wurde
das Modell in seine Bauteile
zerlegt und in einer ganzen
Reihe von Details überarbeitet. Dazu gehörte das
Abschleifen der erhabenen
Lokschilder und des Prägeteils
auf der Rückwand des Füh-
rerhauses (siehe Abb. 5.23/
5.25) ebenso wie das Umar-
beiten des Daches, das
Abtrennen der Trittstufen von
der Motorhaube, das Anfertigen der fehlenden Schürze
für die Stirnseite (siehe Abb.
5.24) und vieles andere
mehr. Gespritzt wurde zuerst
eine Grundierung, um zum
einen die Haftfestigkeit der
Lackierung zu erhöhen, zum
anderen um sicherzustellen,
daß trotz der unterschiedlichen Materialfarben von
Weiß über Gelborange bis
Schwarz mit sehr dünnen
Farbschichten ein einheitli-
cher Farbeindruck entsteht.

Aus diesem Grunde wurde
auch das Innere des Führer-

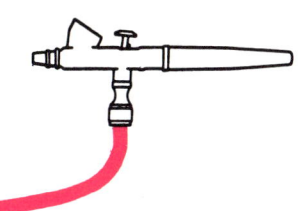

hauses vor dem Spritzen mit Rubinrot abgeklebt (siehe Abb. 5.25). So kamen mit der Grundierung und dem Grau nur zwei Farbschichten auf die fein profilierten Anzeigeinstrumente, Hebel und Schalter, bevor diese mit einem sehr feinen Pinsel ihre eigentliche Farbgebung erhielten (siehe Abb. 5.26). Die Beschriftungen (siehe Abb. 5.29 und 5.30), die nach eigenen Detailaufnahmen maßstabsgetreu angefertigt worden waren, wurden aufgerieben, nachdem die Lackierung fertiggestellt und völlig durchgetrocknet war (mehr dazu auf Seite 79 ff.).

# Oberflächenstrukturen betonen

Als letztes werden das Dach und die silbernen Kühlerlamellen an der Stirnseite der Lok gespritzt. Beim Dach sind keine besonderen Vorkehrungen zu treffen, da es abgenommen ist und für sich allein bearbeitet werden kann. Dies ist bei den Lamellen leider nicht möglich. Die Lamellenenden unterteilen den Rahmen, der sie einfaßt, in eine Menge kleiner, winkliger Flächen, die es abzudecken gilt, da sie Rubinrot bleiben sollen. Zum Maskieren bietet sich hier Flüssigmaske an (siehe Seite 22). Bei seidenmatten bzw. matten Far-

ben, wie sie hier verwendet werden, kann es jedoch passieren, daß Maskierflüssigkeit in sehr feine Poren eindringt und sich später nicht rückstandslos abziehen läßt. Deshalb müssen Vorversuche durchgeführt werden, wenn mit den beteiligten Materialien in dieser Kombination noch nicht gearbeitet wurde.

Zum Schutz aller außerhalb des Rahmens liegenden Teile wird das weitere Umfeld mit Papier geschützt und abgeklebt.

Beim großen Vorbild bilden sich auf den nach innen liegenden Teilen der hellen Metallamellen Schatten durch die jeweils darüberliegenden Elemente. Die Lamellen des

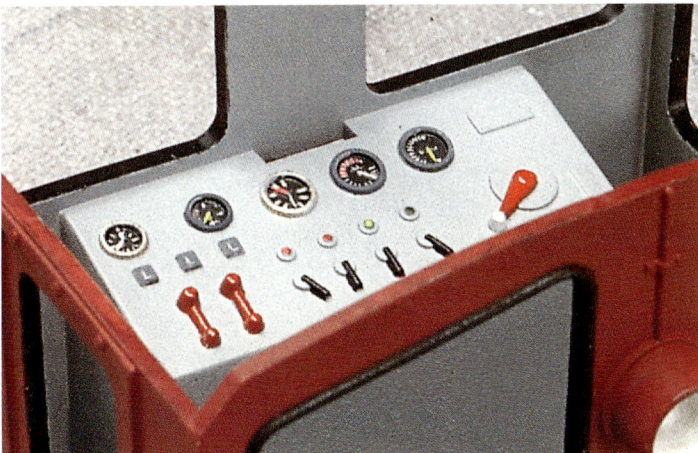

**5.25**
Mit Abdeckband läßt sich das Führerhaus problemlos von innen abkleben

**5.26**
Die Farbe der Bedienungselemente wurde mit dem Pinsel aufgetragen

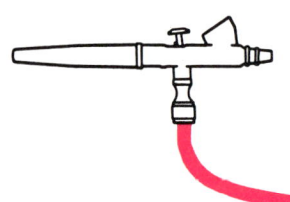

**5.27**
Schnittgrafik des Kühlers. Die Pfeile zeigen die Spritzrichtung für die jeweilige Farbe (Silber/Schwarz) an

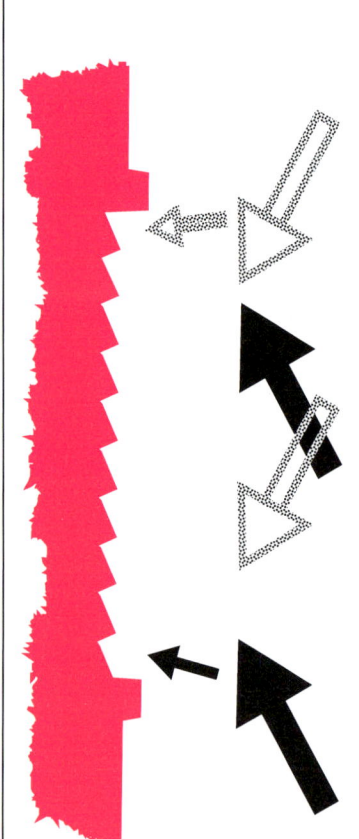

**5.28**
Auf dem rundherum maskierten Kühler wurde Schwarz von unten gespritzt. An der unteren Kühlerkante ist die weiß wirkende Flüssigmaske noch zu erkennen

Modells sind verkürzt und stoßen direkt aufeinander, d.h. es gibt im Gegensatz zum Original keine Durchlässe zwischen ihnen (die Motorhaube ist also nach vorn geschlossen). Aus diesem Grunde würden die Lamellen des Modells, wenn sie in einem einheitlichen Ton gespritzt wären, dem Vorbild wenig ähnlich sehen. Einen Schnitt durch die Lamellennachbildung auf der Vorderseite der Modell-Motorhaube zeigt die Grafik in Abb. 5.27. Um das angestrebte Spritzbild zu erhalten, wurde schräg über die Oberfläche gespritzt, und zwar beginnend mit Schwarz (siehe die schwarzen Pfeile auf der Grafik und das Foto). Anschließend kam von der Gegenseite Silber dazu. Die Reihenfolge der Farbaufträge läßt sich auch umkehren; die Entscheidung, womit zuerst

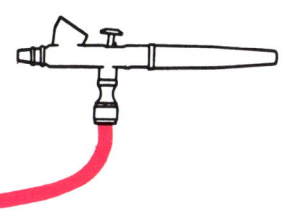

# Oberflächenstrukturen betonen

gestellt werden. Eine andere Möglichkeit wäre, die beiden Farben immer abwechselnd in sehr dünnen Schichten zu spritzen (nicht besonders ratsam für jemanden mit nur einem Airbrush!) Wer kniffligen Arbeiten wie dem mehrfarbigen Einfärben profilierter Oberflächen (von denen gleich noch weitere vorgestellt werden) mit Ideenreichtum begegnet, wird selten Schwierigkeiten haben, die gewollten Effekte so oder so zu erzielen.

**5.29**
**Das endgültige Erscheinungsbild der Lok**

**5.30**
**Nach dem Anreiben wird die Beschriftung durch Klarlack geschützt. Lackiert wird am besten die ganze Seite, um Absätze zu vermeiden**

gespritzt wird, sollte davon abhängig gemacht werden, ob ein brillantes Silber mit helleren Schattenpartien (erst Schwarz, dann Silber) oder ein stumpfes, dunkles Silber mit tiefen Schatten gewünscht wird (erst Silber, dann Schwarz).

Einige Farben, darunter auch Metallic-Farben, haben die unangenehme Eigenschaft stark zu „stauben". Bei unserem konkreten Beispiel würde

das bedeuten, daß die gespritzte Farbe sich überall hin verteilt, egal von wo aus sie gespritzt wird. Wenn die Intensität einer stark staubenden Farbe unverändert erhalten bleiben soll, muß sie als letzte gespritzt und dann auf andere Art überarbeitet werden. So können die Schatten zum Beispiel auch als harte Schlagschatten gestaltet und die Lamellen einzeln – eventuell mit dem Pinsel – fertig-

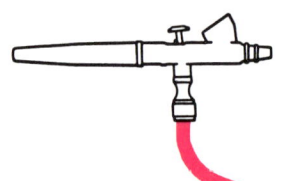

# Die Welt im HO-Maßstab

Mit einem Diorama des Bahnhofs „Goyatz" (siehe Abb. 6.1), einem Endpunkt der „Spreewaldbahn", bleiben wir bei den Themen „Vorbild" und „Oberflächenstrukturen betonen". Die Abb. 6.2 zeigt das Vorbild des Bahnhofsgebäudes, das es als Kunststoff-Bausatz im HO-Maßstab gibt. Interessant sind an diesem Gebäude aus unserer Sicht das Ziegeldach, das verfugte Rotsteinmauer-

**6.1**
**Detailaufnahme vom Diorama des Bahnhofs „Goyatz"**

werk und die unverputzte Schuppenseitenwand (siehe Abb. 6.3). Ziegeldächer und Steinwände werden bei Modellen wie diesem Bahnhof mit Platten imitiert, die eine reliefartige Oberfläche besitzen. Für das „Verfugen" der Steine mit Farbe eignen sich so dünnflüssige Farben wie Airbrushfarben. Mit einem dicken weichen Pinsel auf die plan liegenden Teile großzügig aufgebracht, läuft

die Farbe in alle tieferliegenden Fugen und Ritzen. Wasserverdünnbare Farben dürfen einen Moment auf der Oberfläche des bearbeiteten Teils stehen bleiben, bevor die erhabenen Partien mit einem nichtfasernden Lappen freigewischt werden. Das spätere Aussehen der Wand- und Dachflächen beeinflussen ganz unterschiedliche Faktoren wie: die Konsistenz der Farbe, der Zeitraum zwischen

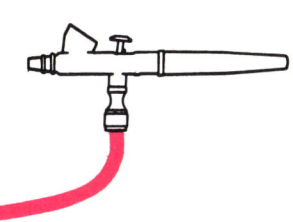

dem Auftragen und dem Abwischen, der Kraftaufwand beim Wischen, die Anzahl der Farbaufträge und Farben. Dazu kommt das Überspritzen der Wandteile nach und gegebenenfalls auch schon vor dem Einwischen von Farbe in die Vertiefungen der Struktur. Darüber hinaus ist bei Feldsteinmauern und ähnlich stark ausgebildeten Oberflächen das seitliche Anspritzen zum Schattieren und weiteren Betonen der Plastizität hinzuzuzählen (vgl. den vorangegangenen Abschnitt).

**6.2**
**Das Vorbild**

**6.3**
**Die Schuppen-
seitenwand**

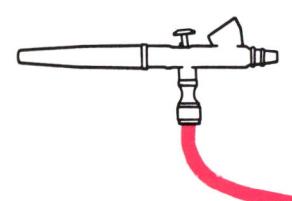

Auf der Aufnahme 6.4 liegen fertig eingefärbte Bauteile neben solchen im Originalzustand. Die Teile wurden hier zu Demonstrationszwecken von den Spritzlingen abgetrennt, damit sie sich nebeneinander liegend gut vergleichen lassen – normalerweise bleiben sie zum Bearbeiten an den Gießästen, da man sie dort wesentlich besser anfassen kann. Das Spritzen der Farbschattierungen auf der Schuppenseitenwand (siehe Abb. 6.4, Teil zwei von oben) geschah mit Hilfe von Papiermasken. Diese Papiermasken entstanden aus einfachen Fotokopien. Auf der Abbildung 6.5 sind rechts zwei dieser Masken festgehalten und links die Fotokopie, aus der sie geschnitten wurden. Für das Herstellen von Papiermasken kann der Fotokopierer eine gute Hilfe sein, wenn die Masken wie hier eine unregelmäßige, aber recht genau zu schneidende Begrenzungskante haben sollen. Selbstverständlich könnte auf einer solchen Mauerplatte auch Maskierfilm verwendet werden, jedoch ist das Schneiden auf einem solchen Untergrund erschwert. Die Alternative dazu, nämlich das genaue zeichnerische Übertragen der Schnittlinie auf die Maskierfolie – um diese dann auf einer ebenen Fläche zu schneiden – ist zu umständlich.

**6.4**
**Verschiedene Teile unbearbeitet und bearbeitet nebeneinander**

**6.5**
**Die fotokopierte Seitenwand (links) und die daraus geschnittenen zwei Masken**

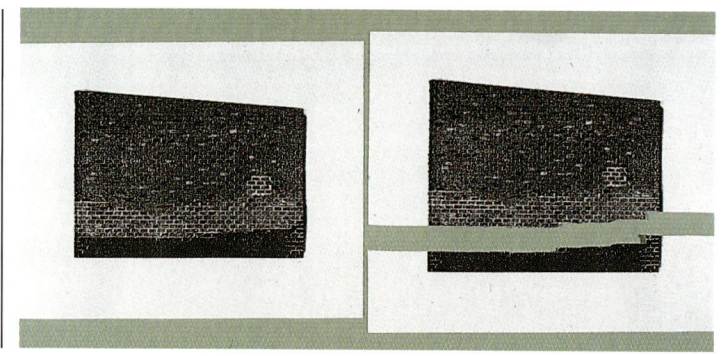

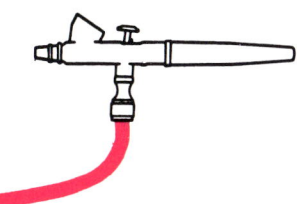

# Sprenkeln

## Sprenkeln

Abb. 6.6 stellt wieder unbear-beitete und bearbeitete Bau-teile gegenüber, diesmal aus dem Dachbereich. Das Bemerkenswerte ist hier die einer Dachpappe (Teer-pappe) nachempfundene, körnig erscheinende Oberflä-che. Ein derart körniges Spritzbild kann entstehen, wenn der Spritzdruck deutlich unter den vorgesehenen

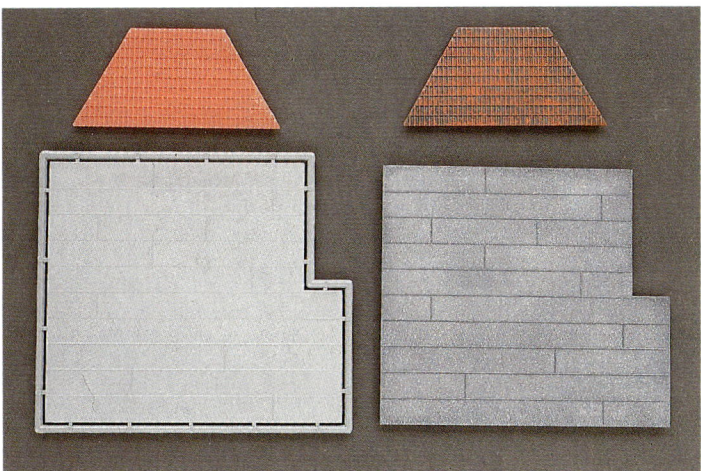

**6.6**
**Dachplatten vor und nach dem Ein-färben/Sprenkeln**

**6.7**
**Das Bahnhofsmo-dell auf dem Roh-bau des Dioramas. Auch bei der wei-teren Gestaltung der Bahnanlagen und der Land-schaft kommt der Airbrush nun viel-fältig zum Einsatz**

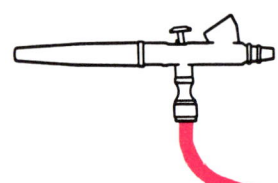

Wert von 1,5 bis 2 bar absinkt, eine sogenannte Sprenklerkappe statt der Saugkappe verwendet oder die Saugkappe einfach abgenommen wird (letzteres funktioniert nur bei bestimmten Modellen mit eingeschraubten Farbdüsen).

Erwähnt wurde das Sprenkeln schon im ersten Kapitel auf Seite 5 als Funktionsstörung, weiterhin im Abschnitt "Effektlackierungen", wo im Übergangsbereich zwischen feinsten Spritzbildern und dem sehr körnigen Sprenkeln reizvolle Metallic-Lackierungen entstanden. Ein gesprenkelter Farbauftrag kann die unterschiedlichsten Korngrößen haben, auch lassen sich natürlich Spritzbilder mit ganz verschiedenen Korngrößen – in mehreren Farben – übereinanderlegen. Die Größe des Sprenkelkorns ist abhängig vom verwendeten Airbrush, von der Saugkappe, vom Luftdruck, von der Konsistenz der Farben und der freigegebenen Farbmenge. Wer mit dem Sprenkeln noch keine bzw. nicht allzuviel Erfahrung hat, sollte die vielen Möglichkeiten dieser Technik einmal in Ruhe auf Schmierpapier ausprobieren.

Abb. 6.7 zeigt das zusammengesetzte Gebäudemodell auf der noch im Rohbau befindlichen Bahnhofsanlage. Gespritzt werden hier als erstes die noch hell glänzenden, unbehandelten Schienen (vgl. mit den Schienen auf den Abb. 6.1 und 6.8). Entsprechend dem großen Vorbild erhalten die befahrenen Gleise am Steg und am Schienenfuß einen Rostton. Den blanken Schienenkopf schützt beim Spritzen ein Blatt Papier, ein Klebeband oder ein für Eisenbahnmodelle geeignetes Öl. Das Auftragen eines dünnen Ölfilms mit einem festen Lappen stellt eine sehr schnelle und einfache Methode des Maskierens dar, die auch beim Patinieren von Fahrzeugen zweckmäßig sein kann. Dieser Ölfilm läßt sich mit der überschüssigen Farbe leicht wieder abwischen, nachdem von beiden Seiten schräg gegen die Schiene gespritzt wurde.

Im Anschluß an das Spachteln, Grundieren und Einstreuen (Beflocken) der Bahnhofsanlage wurde auch hier gesprenkelt, um Sand, Erde,

**6.8
Blick über das fertige Diorama (Ausschnitt)**

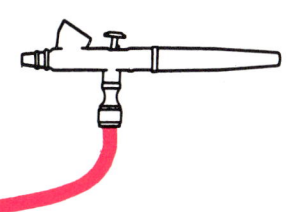

6.9
Messingmodell

Steine, Staub, Asphalt, Gräser und Pflanzen des Vorbilds farblich so realistisch wie möglich wiederzugeben.

# Miniatur- lackierungen und ihre Grenzen

Ein möglichst realistisches Äußeres steht natürlich gleichermaßen im Vordergrund, wenn Loks und Wagen (nach-)lackiert werden. Ein solcher Qualitätsanspruch bedeutet, daß sehr fein und bei Mehrfarblackierungen äußerst genau gearbeitet werden muß. Bei den folgenden Beispielen handelt es sich um eine Erstlackierung – die vorrangig bei Kleinserien-Bausätzen und Fahrzeug-Selbstbauten vorkommt – und um eine Neulackierung – die z.B.

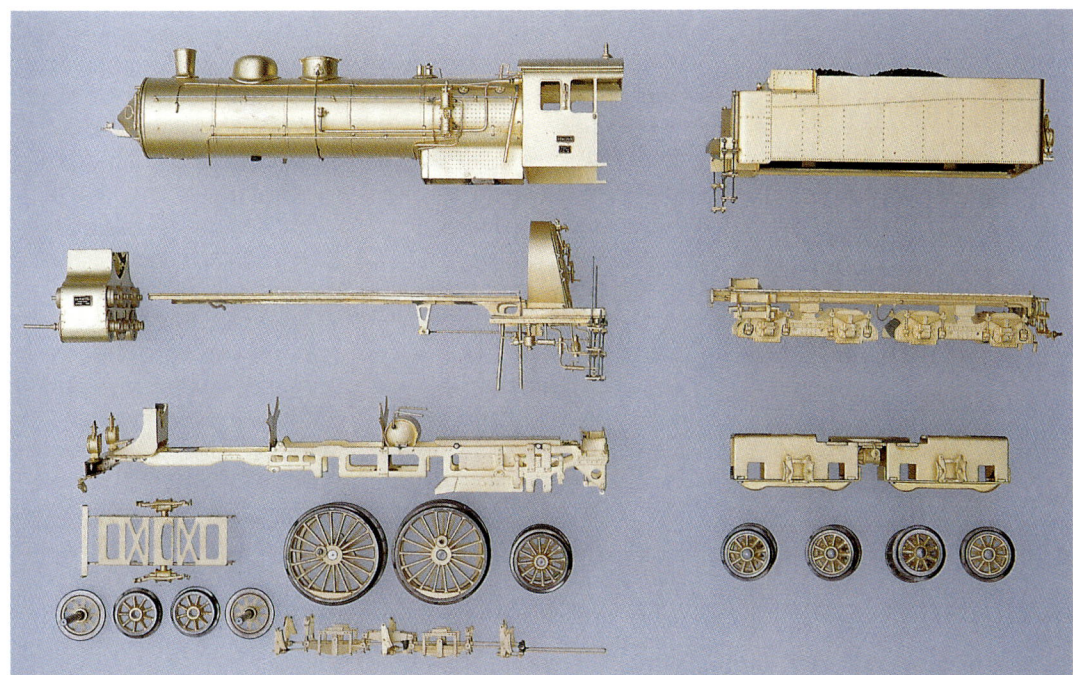

6.10
Die zu lackierenden Bauteile der Lok

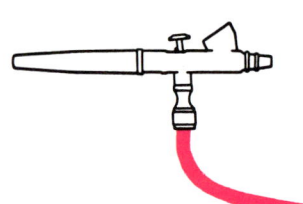

**6.11**
**Die Teile sind grundiert, die Räder fehlen noch**

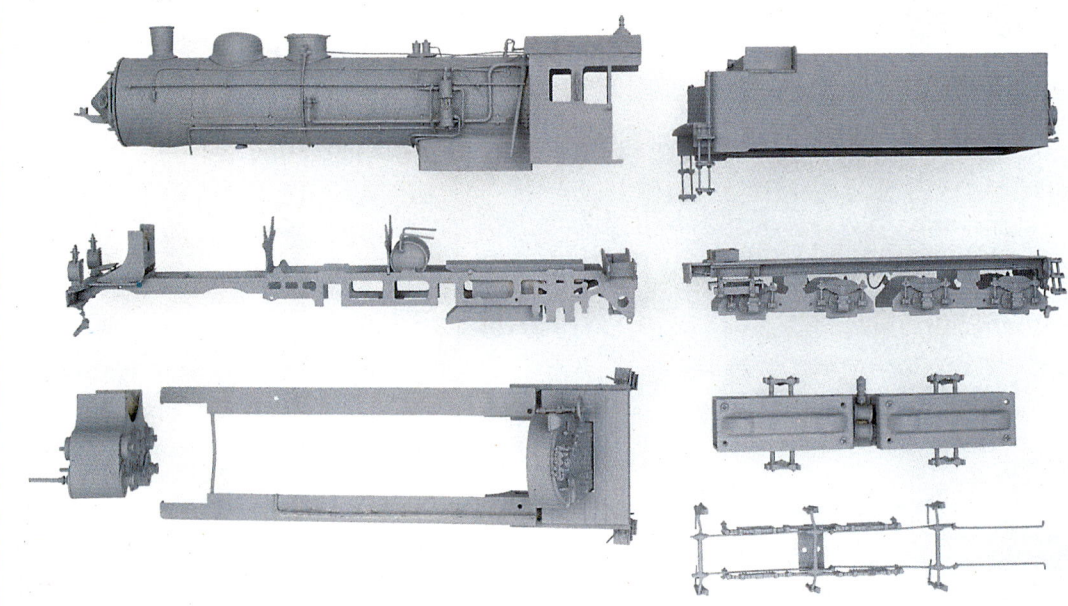

**6.12**
**Grundierte Radsätze mit Masken**

durch eine Beschädigung der Originallackierung, Umbauten oder den Einsatz in einer anderen Epoche/bei einer anderen Bahngesellschaft aktuell wird. Das Einbinden von nachträglich angesetzten, kleinen Zurüstteilen in eine bestehende ältere Lackierung kann manchmal einfach mit dem Pinsel erfolgen. Die Schwierigkeit dabei liegt in erster Linie im genauen Nachmischen der vorgegebenen Modellfarbe (vgl. hierzu auch den Absatz „Oberflächenglanz"), so daß sich eine Ganzlackierung hin und wieder doch als der letztlich bessere Weg entpuppt.

Die Ganzlackierung des in der Abbildung 6.9 gezeigten Messingmodells gleicht im Prinzip vorangegangenen Lackierungen. So wurde auch diese Lok zuerst zerlegt (Abb.

6.10), bevor die zu lackierenden Teile nach gründlicher Reinigung eine sehr sorgfältig gespritzte, hauchdünne Grundierung erhielten (Abb. 6.11). Zu den interessanten Punkten zählen bei dieser Lackierung die Masken für die Radsätze. Auf der Aufnahme 6.12 liegen zwei der Radsätze, zwei kleine Räder und eine einzelne Kunststoffmaske. Der obere Radsatz in der linken Reihe ist noch vollständig maskiert; beim darunterliegenden Radsatz wurde die zum Maskieren der Aufsichtsseite benutzte Kunststoffscheibe bereits abgenommen, nur die Folienscheibe zum rückwärtigen Abdecken blieb an ihrem Platz. Auch die beiden kleinen Räder rechts haben noch Folienmasken auf ihrer Innenseite – die bei ihnen verwendete feste

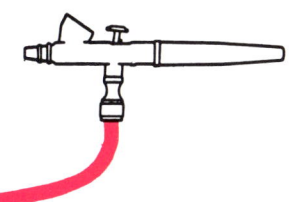

# Miniaturlackierungen

Kunststoffscheibe liegt umgedreht zwischen ihnen.

Das Arbeiten mit der abgebildeten stabilen Scheibenmaske hat den großen Vorteil, daß sie einfach auf das zu spritzende Rad gelegt wird, durch die abgestuften Radien nicht verrutscht und für alle Räder gleichen Durchmessers wieder verwendbar ist. Nun hat nicht jeder die Möglichkeit, sich mit professionellen Werkzeugen solche Kunststoffscheiben herzustellen; eine einfachere, ziemlich paßgenaue und nicht ganz so dauerhafte Maske läßt sich aber auch aus fester Pappe fertigen. Hierzu wird durch die Mitte zweier gleichgroßer, exakt übereinander liegender Pappquadrate mit einem Zirkel ein Loch gestochen. Um dies Einstichloch herum entstehen mit einem Schneidezirkel oder ähnlichem die beiden kreisförmigen Aus-

schnitte. Die Durchmesser dieser Ausschnitte entsprechen dem vom Rad vorgegebenen äußeren und inneren Radius. Nach dem Schneiden werden die Quadrate paßgenau miteinander verklebt und ergeben so die gewünschte Maske (vgl. die Schnittgrafik in Abb. 6.13). Abb. 6.14 präsentiert die fertiggestellte, zweifarbig lackierte und bereits beschriftete Lok.

Bevor auf das Thema Beschriftung näher eingegangen wird, soll noch eine zweite Lok, deren Beschriftung wesentlich umfangreicher und individueller ausfällt, lackiert werden. Das Vorbild für diese zweite Lackierung zeigt die Abb. 6.15. Aus einem Großserienmodell gleicher Bauart, oben in der Abb. 6.16, entsteht das neue Modell, dessen bereits grundiertes Lokgehäuse sich darunter befindet. Diese Grun-

dierung wurde der hellen Schmuckfarbe entsprechend eingefärbt. Anschließend erfolgt das Abdecken mit Klebeband der in diesem Farbton geplanten Linien und Flächen. Das Klebeband muß sehr sorgfältig geschnitten und zusammengefügt werden (Abb. 6.17), damit überall saubere und gradlinige Kanten entstehen können. Es darf beim Maskieren unter keinerlei Spannung aufgeklebt werden, da sonst die Gefahr besteht, daß es sich über

**6.13**
**Schnittgrafik Radmaske (Pappe)**

**6.14**
**Die lackierte und zusammengesetzte Lok mit Lokschildern aus Messing**

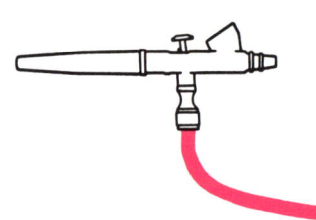

**6.15**
Vorbild für eine
Loklackierung

**6.16**
Oben liegt das
Großserienmodell,
das wie das Vor-
bild neu lackiert
wird, darunter
das bereits umge-
spritzte Gehäuse

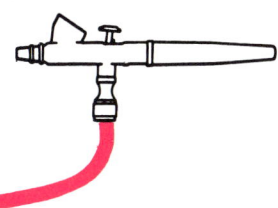

# Abziehbilder und Anreibebogen

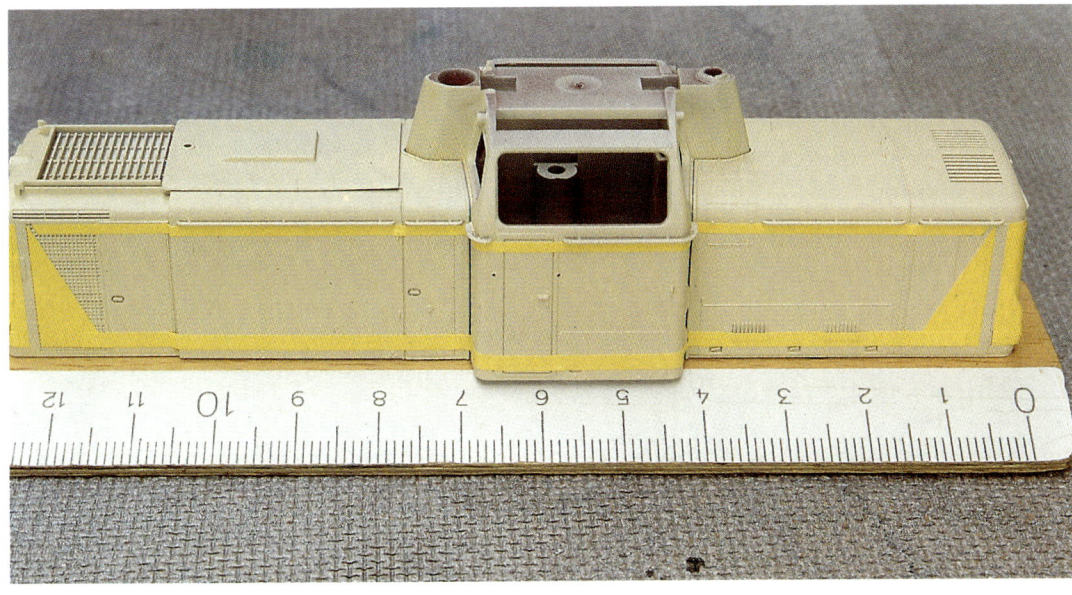

Ecken und feinen Profilen langsam „geradezieht" (Abb. 6.18) und dadurch Farbe unter die Maske gelangt.

In Abb. 6.19 steht das sauber und vorbildgetreu lackierte und beschriftete Diesellokmodell. Die Schriftzüge sind nicht – wie mancher vielleicht im ersten Moment befürchten könnte – mit Hilfe von extrem fein geschnittenen Masken gespritzt worden, sondern wurden von einem Anreibebogen auf die durchgetrocknete Lackierung übertragen. Feinste Details wie die Schriftzüge auf der Diesellok oder die Zierlinien auf dem Reisezugwagen (Abb. 6.20) spritzen zu wollen, ist sinnlos. Hier gibt es andere Wege, um einfacher und wesentlich sicherer zu professionellen Ergebnissen zu kommen.

## Abziehbilder/ Schiebebilder und Anreibebogen

Beschriftungen und Zierlinien auf Großserienmodellen entstehen im industriellen Prägefolien- und Tampondruck, werden also in unterschiedlichen Druckverfahren aufgebracht. Der sicherste Weg für den Modellbauer, zu ähnlich überzeugenden Resultaten

(vgl. z.B. Abb. 6.20) zu kommen, ist sicherlich, ein Druckbild oder eine vergleichbare Reproduktion von einem ablösbaren Papier- oder Folienträger auf ein Modell zu übernehmen. Neben den Aufklebern (s. den entsprechenden Abschnitt auf Seite 59), die sich durch ihre dicke Trägerfolie für kleine Modelle nur begrenzt eignen (z.B. als Zuglaufschilder), wird von verschiedenen Herstellern dazu eine breite Palette von Schiebebildern/Abziehbildern und Anreibebogen/Anreibe-

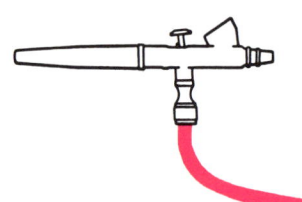

**6.19**
**Das Modell der EVB-Lok**

schriften angeboten. Wer das Passende in diesem Angebot nicht findet, hat darüber hinaus noch die Möglichkeit, sich das Gewünschte bei einzel-

nen Herstellern individuell anfertigen zu lassen.

Jedem, der schon ein wenig Übung mit Anreibebogen bzw. dem Anreiben von

Schriftzügen und Symbolen hat, weiß, daß das angeriebene Material hauchdünn und damit relativ leicht zu beschädigen ist. Ist beim

**6.20**
**Derart feine Zierlinien und Beschriftungen lassen sich nicht mehr als Lackierung aufbringen**

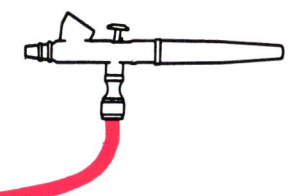

# Oberflächenglanz

Anreiben etwas eingerissen, so wird dies selbst bei feinsten Rissen meist sehr deutlich sichtbar. Mit einer ruhigen Hand, einer passenden Farbe und einem sehr feinen Pinsel läßt sich ein solches Mißgeschick manchmal kaschieren – geht der Versuch schief, kann das beschädigte Element immer noch mit Tesafilm überklebt, hochgezogen und ersetzt werden.

Bei Abziehbildern befinden sich die gedruckten Beschriftungen und Bilder an einem klaren Lackfilm, der mit lauwarmem Wasser vom Papierträger abgelöst wird. Das Anbringen von Schiebebildern auf unebenen Flächen erleichtern Hilfsmittel in Form von speziellen Weichmachern oder Spiritus. Werden solche Hilfsmittel eingesetzt, muß der Lackfilm anschließend einige Stunden trocknen. Der Lackfilm, der hier die Funktion einer Trägerfolie hat, besitzt auch nach dem Antrocknen auf dem Modell noch einen eigenen Glanzgrad, der auffallend deutlich von dem der beschrifteten Fläche abweichen kann.

## Oberflächen-glanz

Sowohl zum Erzielen eines einheitlichen Glanzgrades als auch zum Schutz vor mechanischen Beschädigungen dient das anschließende Überspritzen einer Beschriftung und ihrer Umgebung mit Klarlack. Wurden sehr feine Beschriftungselemente in der eben geschilderten Weise auf das Modell übertragen, darf das Überspritzen in keinem Fall zu naß erfolgen, da der Klarlack sonst die Schriftbilder anlösen und beschädigen bzw. ganz zerstören könnte. Diese Gefahr besteht bei feinen Metallschildern natürlich nicht, wie sie

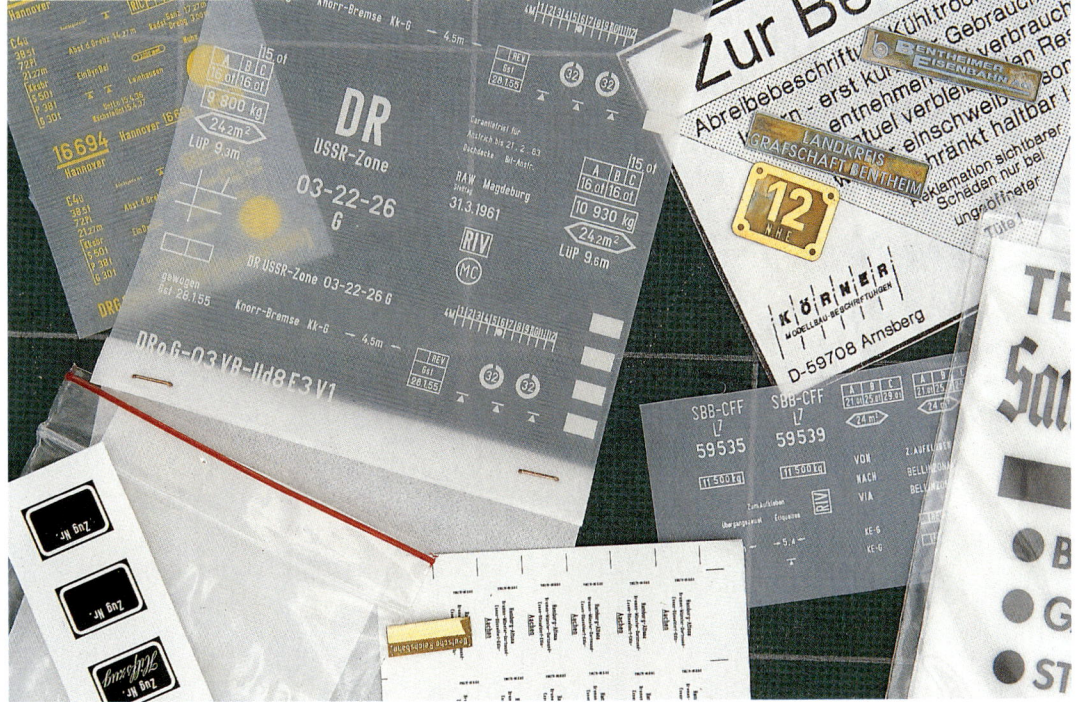

**6.21**
**Eine Auswahl an Beschriftungen. Die glänzenden Schilder sind aus Messing**

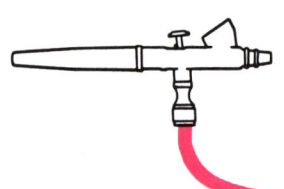

# Die Welt im H0-Maßstab

**6.22**
Nahaufnahme der umlackierten Messinglok mit eigens angefertigten Metallschildern

auf der Abb. 6.21 zu sehen sind. Lokschilder aus Messing und Neusilber müssen vor dem Anbringen schwarz eingefärbt werden. Dazu werden die Schilder vollständig schwarz überlackiert; nach dem ersten Antrocknen ist die Farbe von den erhabenen Buchstaben zu entfernen, und zwar je nach Farbsorte mit rauhem, nicht fusselndem Papier, mit feinstem Schleifpapier oder mit einem Messer. Diese Arbeitsweise ist im Prinzip die gleiche wie bei den Mauern (vgl. u.a. Abb. 6.4). Auf der Nahaufnahme in Abb. 6.22 ist als Beispiel die neue Beschriftung der vorhin lackierten Messinglok gut zu erkennen.

Der schwarze Grundton eines neuen Lokschildes kann sich in seinem Glanzgrad natürlich ebenfalls vom Glanz der beschrifteten Fläche unterscheiden. Zu den möglichen Gründen dafür zählt, daß ein Modell lediglich eine neue Beschilderung erhält – die benutzten Farben also verschieden sind – oder daß eine Farbe auf einem vorher grundierten Lokgehäuse anders auftrocknet als auf dem unbehandelten Metallschild. Diese Gründe beschränken sich verständlicherweise nicht auf Metallschilder, sondern gelten letztlich für alle Zurüstteile, die in eine Lackierung mit einbezogen werden sollen. In jedem Fall hilft das Überspritzen mit einem matten oder seidenmatten Klarlack, um dem jeweiligen Modell einen einheitlichen Glanzgrad zu verleihen. Sinnvoll ist eine solche Lackierung manchmal selbst bei einem neuen Modell, das an sich gar nicht verändert werden soll. Die Abb. 6.23 zeigt ein Großserienmodell im Originalzustand. Beim genauen Hinsehen fällt auf, daß Lok und Tender sich sogar auf dem Foto in ihrer Farbtiefe voneinander unterscheiden. Hier sind es verschiedenartige Materialien (Metall und Plastik), denen der gemeinsame Lackauftrag fehlt.

**6.23**
Die schwarzen Oberflächen von Lok und Tender dieses neuen Großserienmodells wirken unterschiedlich „tief"

# Altern, Patinieren

An die Stelle des gemeinsamen Lacküberzugs von Lok und Tender kann selbstverständlich auch das künstliche Altern dieser Dampflok tre-

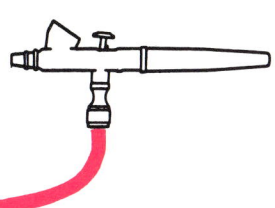

ten. Da es nur kurzzeitig und damit in unserer Umwelt nur wenige wirklich neu aussehende Dinge gibt, ist das Thema „Weathering" in vielen Bereichen des Modellbaus interessant. „Weathering" heißt auf „Neuhochdeutsch" das Aufbringen von Betriebs- und Witterungsspuren auf Modellen. Ohne es ausdrück-

lich so zu nennen, wurde dieses Thema bereits beim Einfärben der Mauern und des Ziegeldaches (Abb. 6.4 und 6.6) sowie bei der weiteren Ausgestaltung des Dioramas (Abb. 6.1/6.8) behandelt. Vielleicht ist Ihnen auch in Abb. 6.19 aufgefallen, daß die EVB-Diesellok über die Drehgestelle hinaus bereits die

Verschmutzungen des Vorbilds (Abb. 6.15) erhalten hatte.

Anknüpfungspunkt für dieses Kapitel war die Dampflok der Baureihe 57, die die Abb. 6.24 zum Vergleich nochmals in ganzer Länge zeigt. In Abb. 6.25 ist diese Lok sichtbar gealtert, aus einem Großserienmodell ist ein Einzelstück

**6.24**
**Das neue Modell der Dampflok BR 57 im ganzen (vgl. Abb. 6.23)**

**6.25**
**Diese Lok ist gezeichnet vom harten Alltagseinsatz**

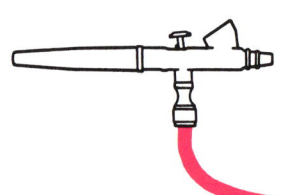

**6.26**
**Hier wird noch fleißig geputzt**

geworden. Je nach dem, was gealtert wird und wie alt es sein soll, werden bestimmte Gebrauchs- und Witterungsspuren herauszuarbeiten sein, die eine Menge über die Pflege, die Beschaffenheit und die Nutzung des Vorbilds aussagen. Ein einfaches Verschmutzen durch Aufsprühen einer „Schmutzfarbe" wird keinem Modell gerecht; selbst auf einem Geländefahrzeug, das nur kurz durch tiefen Schlamm oder über staubige Pisten gejagt wurde, weisen die Verschmutzungen bestimmte Spritzrichtungen (im doppelten Sinne), Verläufe und Farbnuancen auf. Die Abb. 6.26 bis 6.28 zeigen unterschiedlich gepflegte Dampflokomotiven verschiedenen Alters. Diese Fotos belegen einmal mehr, wie wichtig es ist, sich konkrete Vorlagen zu suchen bzw. soviel über ein bestimmtes Vorbild in Erfahrung zu bringen (vgl. u.a. den Abschnitt „Vorbild"), daß gravierende Fehler ausgeschlossen sind.

Welcher Stellenwert dem Altern und Patinieren von Modellen zukommt, soll noch anhand von zwei weiteren Beispielen verdeutlicht werden. In Abb. 6.29 liegen zwei fast baugleiche Abteilwaggons übereinander. Sie waren beim selben Hersteller, aber zu unterschiedlichen Zeiten im Programm. Diese Wagen unbehandelt zu einem Zug zusammenzustellen, wird dem vorbildorientierten Modellbauer sicherlich schwer fallen.

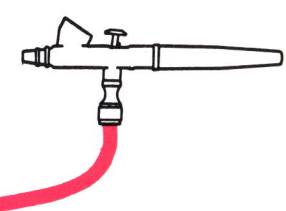

# Altern, Patinieren

**6.27**
**Der harte Dienst ist an dieser Dampflok keineswegs spurlos vorübergegangen**

**6.28**
**Bei dieser Maschine der Baureihe 74 ist nicht mehr viel zu retten**

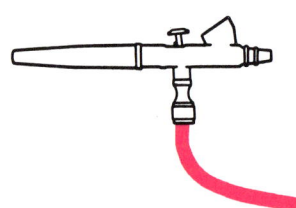

**6.29**
Diese Abteilwaggons eines Herstellers (der obere ist noch nicht zugerüstet) wurden, obwohl fast baugleich, in verschiedenen Jahren in unterschiedlicher Farbgebung geliefert

**6.30/6.31**
Der „Plastikglanz" auf Modellen wie diesem Lastzug wirkt zumindest an Stellen wie der Ladeflächenunterseite oder auf der Ladefläche selbst recht unrealistisch

# Altern, Patinieren

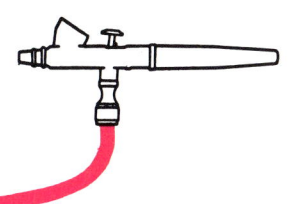

Also stellt man erst einmal fest, in welchem Zustand sich die jeweiligen Waggons zu einem bestimmten Zeitpunkt befanden. Daraufhin erhalten sie dann ihr zeitgemäßes „Weathering", das sie sicherlich besser nebeneinander aussehen läßt. Wesentlich „echter" als in seinem Neuzustand (Abb. 6.30/6.31) wirkt auch der Lastwagen in Abb. 6.32. Gerade wenn bestimmte Situationen mit Modellen nachgestellt werden sollen, sieht eine hellgelbe Ladeflächenunterseite bzw. eine glänzend gelbe Ladefläche unnatürlich aus. Aber auch andere Bauteile, wie das Fahrgestell mit den Rädern und die Karosserie, wurden leicht überspritzt,

damit diese Modelle auf dem eingangs vorgestellten Diorama nicht wie Fremdkörper anmuten.

Fazit: Wenn Modelle sich ihre Gebrauchsspuren selbst zulegen – wie beispielsweise RC-Geländewagen – oder wie frisch lackierte Ausstellungsfahrzeuge glänzen sollen, dann ist das Thema „Weathering" natürlich nicht so wichtig. Bei allen anderen Modellen, die dem großen Vorbild möglichst exakt nachempfunden werden, kann es den letzten Schliff zur wirklich perfekten Kopie bedeuten. Dabei muß ein Modell nicht gleich um Jahre altern oder gar schrottreif aussehen – oft sind es kleinere Akzente, die ein Erscheinungsbild richtig

abrunden. Wie schon beim Bauen des Modells gilt auch hier: Je besser die Kenntnisse über das Vorbild sind, desto eindrucksvoller wird die Kopie ausfallen!

**6.32**
**Der Lastzug wurde für das Diorama des Bahnhofs „Goyatz" überarbeitet und beladen**

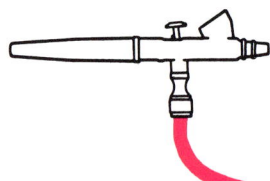

# Zum Autor

**Mathias Faber**
Feier Maler
und Grafiker (BBK)
in Rellingen bei Hamburg.
Ist seit seiner Jugend vom
anspruchsvollen Modellbau
fasziniert. Als Folge eines
Amerika-Aufenthaltes ab
1975 umfassendere Ausein-
andersetzung mit dem „Luft-
pinsel". 1974 – 79: im Stu-
dium mit der Kunst beschäf-
tigt. Veröffentlichungen in
Katalogen, Fachpublikationen
und Magazinen (auch in
Österreich, der Schweiz,
Frankreich, den Niederlanden
und Belgien); Cover und
Illustrationen für Bücher. Ab
1983 Leitung von Airbrush-
Seminaren für Profis
(Deutschland/Schweiz). Seit
1987 Autor mehrerer Bücher
und Aufsätze zum Thema
Airbrush und Farben. 1988
intensiv mit der Entwicklung
eines neuen Airbrush befaßt;
parallel dazu beginnt im gleichen Jahr die Teamarbeit zur
Verwirklichung eines professionellen Acrylfarbensystems.
Gemälde und Grafiken von
Mathias Faber befinden sich
in privaten und öffentlichen
Sammlungen.

**Bibliografische Information:**
**Die Deutsche Bibliothek**
Die Deutsche Bibliothek verzeichnet diese Publikation in der Deutschen
Nationalbibliografie; detaillierte bibliografische Daten sind im Internet über
http://dnb.ddb.de abrufbar.

Lektorat: Manfred Braun
Umschlagkonzeption: ZERO Werbe-
agentur, München
Umschlaglayout: Elke Martin

© Knaur Ratgeber Verlage. Ein Unter-
nehmen der Droemerschen Verlagsanstalt
Th. Knaur Nachf. GmbH & Co., München
2003

Satz: Gesetzt aus 9,5 Syntax von Walter
Werbegrafik, Gundelfingen
Reproduktion: Repro Ludwig,
A-Zell am See
Druck und Bindung: Appl, Wemding

Gedruckt auf 115 g umweltfreundlich
chlorfrei gebleichtem Papier.

ISBN 3-426-66792-4
Printed in Germany

Bitte besuchen Sie uns im Internet:
www.droemer-knaur.de
Weitere Titel aus dem Bereich Kreativ
finden Sie im Internet unter:
www.knaur-kreativ.de

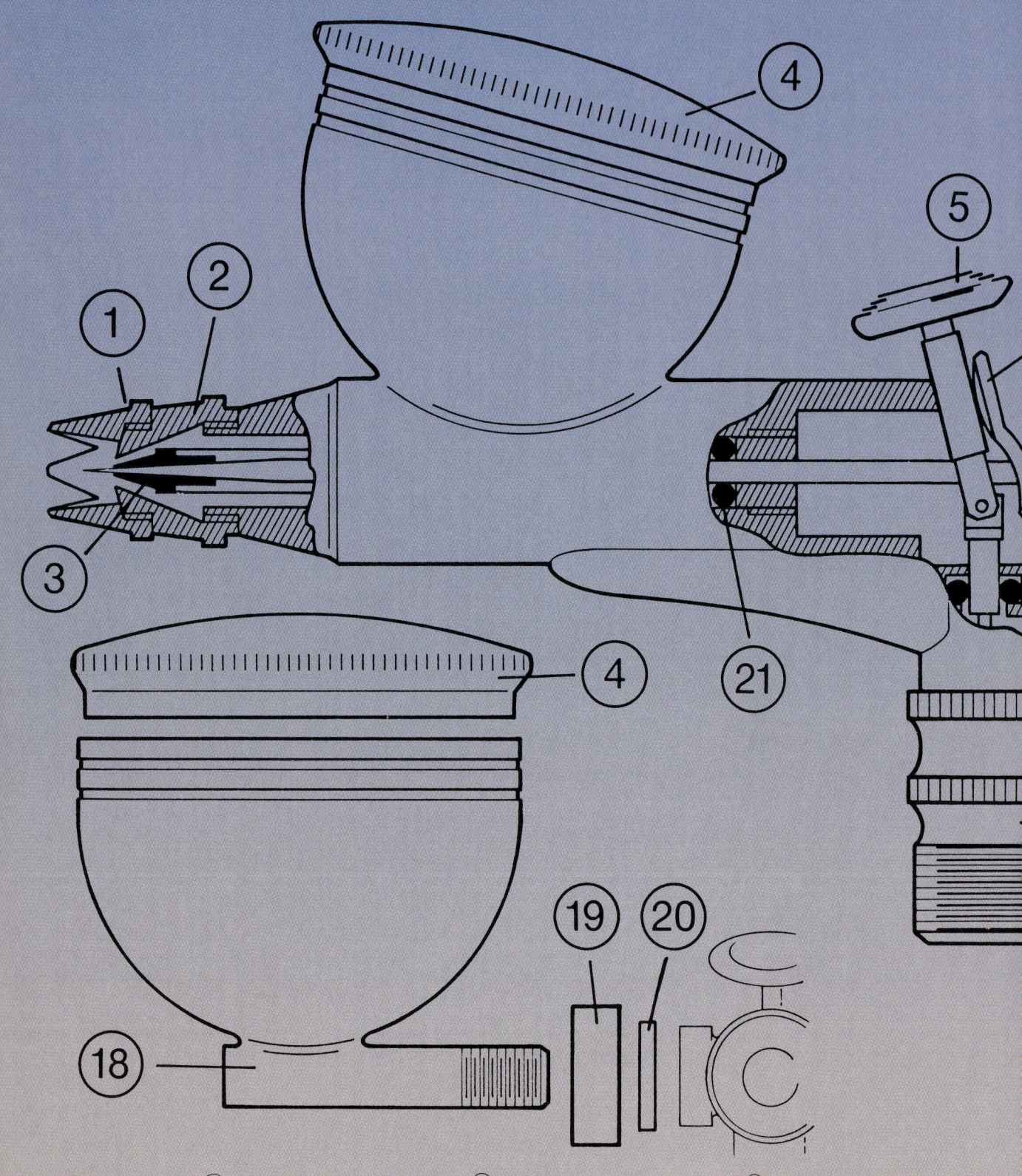

Schnittzeichnung
eines Airbrushs

① Nadelkappe

② Saugkappe

③ Farbdüse

④ Deckel für Farbbehälter

⑤ Bedienungshebel

⑥ Druckplatte

⑦ Ventildichtung

⑧ Luftventil

⑨ Nadelrückholfeder

⑩ Federgehäuse